Excel

就该这儿用

——优秀数据报表设计者的 Yes 和 No

张军翔 等编著

兵器工业出版社

内 容 简 介

本书围绕 Excel 办公软件，以职场故事形式加以讲解，富有趣味性和知识性。本书内容丰富、充实，以 Boss、小强、王哥三人的任务布置、任务交流、任务解决为主线，讲解数据报表设计工作。

全书共分 11 章，涉及数据报表设计意图、收集数据、数据输入、数据整理、格式设置、数据运算、初步分析、高级数据分析、数据透视表分析、数据图表、打印报表等内容。本书尽最大努力以翔实案例证实王哥的讲解，让读者在阅读时把握数据报表设计知识要点，在潜移默化的语境中培养数据分析的思维能力，小强将成为读者学习数据报表设计道路上的伙伴。

本书适合于 Excel 数据报表设计人员，也可作为职场新人运用 Excel 软件办公的参考。

图书在版编目（CIP）数据

Excel 就该这么用：优秀数据报表设计者的 Yes 和 No/张军翔等编著. -- 北京：兵器工业出版社, 2012.8

ISBN 978-7-80248-774-1

Ⅰ. ①E… Ⅱ. ①张… Ⅲ. ①表处理软件 Ⅳ.①TP391.13

中国版本图书馆 CIP 数据核字(2012)第 192137 号

出版发行：兵器工业出版社	责任编辑：刘燕丽　李 萌
发行电话：010-68962596，68962591	封面设计：深度文化
邮　　编：100089	责任校对：刘 伟
社　　址：北京市海淀区车道沟 10 号	责任印制：王京华
经　　销：各地新华书店	开　　本：787mm×1092mm 1/16
印　　刷：北京广益印刷有限公司	印　　张：13.5
版　　次：2012 年 9 月第 1 版第 1 次印刷	字　　数：220 千字
印　　数：1-4 000	定　　价：36.00 元

前 言

　　如果读者以菜鸟的身份翻开这本书，那么他同时必定带着困惑，什么是数据报表？如何设计数据报表？设计数据报表有那么难吗？本书采用职场小说形式，将数据报表设计讲解得通俗易懂，使读者轻松步入数据报表的世界，让数据报表变得简单又有趣。

　　全书分为11章，层层深入，分别讲解数据分析的必备知识，包括数据报表设计意图、收集数据、数据输入、数据整理、格式设置、数据运算、初步分析、高级数据分析、数据透视表分析、数据图表和打印报表11个部分。读者在阅读本书的过程中将跟随小强一起由菜鸟进阶为真正的数据报表设计师。

　　市面上关于数据报表设计的书籍为数不少，但专业化的门槛几乎让所有菜鸟望尘莫及，而且没有真正将报表设计融入实际工作的环境中去讲解，所选案例也大部分来自科研一线，使菜鸟们如睹天书，望而却步。

　　本书立足职场环境，积累了大量数据报表设计的实用性技巧，读者直接跟着书中内容实际操作，边做边学，以领悟内容，这样可以达到事半功倍的效果。

　　设计数据报表需要不断地在工作中实践，这是一本入门性的书籍，最终还是需要读者靠自己的意志力克服畏难情绪去学习，付出才会有收获，学习任何东西都是如此。

　　在读这本书之前，需要明确三个问题。

1. 读这本书有何目的？

你将了解设计数据报表必知必会的知识。

你将掌握数据处理技巧。

你将成为数据分析达人。

你将轻松学会数据展现的技术。

你将提升自身职场竞争能力。

2. 这本书有何不同?

一种全新的阅读体验,阅读小说也能学到数据报表设计。

提供详实的数据案例,身临其境把握数据报表设计技巧。

打造数据报表设计金字塔,指引你攀上数据报表设计的高峰。

3. 谁是这本书的真正读者?

入职菜鸟:从零起步照样能玩转数据报表。

职场白领:优秀的数据报表让你脱颖而出。

培训老师:善用故事打动别人的数据报表老师。

学生朋友:踏上社会即体会到设计数据报表的力量。

本书从策划到出版,倾注了出版社编辑们的心血,特此表示衷心的感谢!

本书是由诺立文化策划,张军翔编写。除此之外,还要感谢陈媛、陶婷婷、彭丽、管文蔚、马立涛、汪洋慧、彭志霞、张万红、陈伟、郭本兵、童飞、陈才喜、杨进晋、姜皓、曹正松、吴祖珍、陈超、张铁军,他们参与了本书部分章节的编写,在此表示深深的谢意!

尽管作者对书中的案例精益求精,但疏漏之处仍然在所难免。如果您发现书中的错误或某个案例有更好的解决方案,敬请登录售后服务网址向作者反馈。我们将尽快回复,且在本书再次印刷时予以修正。

再次感谢您的支持!

编著者

CONTENTS 目录

第4章

千里之行始于足下——零乱数据的删减、合并与整理

第5章

报表数据设置与条件限制

第6章

精打细算——数据统计与条件运算

第7章

数据初步分析三大法宝

第8章

深入剖析高级数据分析工具

第9章

灵动分析——使用数据透视表分析 庞大数据更有效

第10章

制胜数据表现力——数据图表应该这么设计

第11章

打印出专业数据报表

序：数据报表设计菜鸟如何起飞

人物及背景介绍：

 Boss：从老板的角度给出需要完成的数据报表，将报表要表达准确的意图传达给"小强"后，最终对"小强"设计的数据报表给出评价和意见。

 小强：公司新人，制作数据报表的"菜鸟"，面对Boss交待的任务一筹莫展，只能向"王哥"求救。根据"王哥"的指点，加上"小强"有一颗学习的心，最终向Boss提交了一份相当满意的数据报表。

 王哥：公司真正的数据分析、数据报表制作专家，虽然年龄不大，但是烦乱、复杂的数据经他分析与处理就能变成一份精美、清晰的数据报表，是"小强"最为崇拜的偶像，也是努力的目标。

当小强进入公司工作一个多星期以后，对报表设计感到焦头烂额、束手无策。小强认为自己和王哥的差距简直就是天壤之别。

更让他感到压力重的是，"吸血鬼Boss"竟然在他刚上班的时候就让他制作数据报表。在大学期间，小强没怎么学过专业的报表制作；入职后的制作数据报表工作让小强无从下手。

制作数据报表？这些对于小强来说是陌生的领域。好在天无绝人之路，小强听说整个公司里，王哥是报表设计大师，无奈之下，小强选择了求助，只好拿出勇气带着记事本来到了王哥的办公室……

1. 什么是数据报表

 小强有点不好意思：王哥，您现在有时间吗？

王哥笑着说：来公司还适应吧？

 小强紧接着说：适应了，谢谢王哥关心，不过王哥，我是有事想向你请教。

您在这个公司应该很长时间了。我来没有多久，我想问问您关于报表的问题，对于数据报表我完全是个菜鸟……

王哥一眼就看出了小强的难处：年轻人应该多点自信，不要那么垂头丧气，不过，你可问对人了，以后数据报表有什么不懂的你尽管问我。

可能是因为你刚接触，所以觉得比较有难度。其实数据报表制作起来并不困难，数据报表没有你想得那么难。

所谓的数据报表，又称为报表，报表是企业管理的基本措施和途径，是企业的基本业务要求，也是实施 BI 战略的基础，所谓的BI就是将原始的、无序的数据转换成可操作信息的流程与技术。

报表可以帮助企业访问、格式化数据，并把数据信息以可靠和安全的方式呈现给使用者。使用者根据数据信息，深入了解企业运营状况，如图序-1所示，是企业发展的强大驱动力。

	项目	数据	建议收账政策
	收账政策决策模型		
2	目前的基本情况		
3	项目	数据	
4	年销售收入（元）	200000	
5	变动成本率	50%	
6	应收账款的机会成本率	15%	
7	不同收账政策的有关数据		
8	项目	目前收账政策	建议收账政策
9	年收账费用（元）	18000	25000
10	应收账款平均收款期（天）	50	40
11	坏账损失率	5%	4%
12	分析区域		
13	项目	目前收账政策	建议收账政策
14	应收账款的平均占用额（元）	27778	22222
15	建议收账政策所节约的机会成本（元）	-	417
16	坏账损失（元）	10000	8000
17	建议计划减少的坏账损失（元）		2000
18	按建议收账政策所增加的收账费用（元）	-	7000
19	建议收账政策可获得的净收益（元）		-4583
20	结论：	采用目前收账政策	

图序-1

小强茫然地看着王哥说：王哥你能不能讲得再深入些？

王哥缓了缓，接着说：简单地说，报表就是用表格、图表等格式来动态显示数据。日常工作中报表的应用广泛，这里简单介绍一下，例如一般基础信息表可以用列表式报表来体现，多用于展示客户名单、员工档案、产品清单、销售情况等表格或产品出入库数据记录表等，如图序-2所示。

日期	编号	品种	名称与规格	单位	单价	入库数据		出库数据	
						入库数量	入库金额（元）	出库数量	出库金额（元）
2011-7-1	A-002	LABS	LAB黄桃125克	盒	10.8	15	162		0
2011-7-1	A-004	LABS	LAB猕猴桃125克	盒	10.8	5	54		0
2011-7-1	B-002	百利包	百利包原味	袋	1.6	50	80		0
2011-7-1	B-001	百利包	百利包无糖	袋	1.6	50	80		0
2011-7-1	C-002	袋酸	袋酸高钙	袋	21	5	105		0
2011-7-1	B-002	百利包	百利包原味	袋	1.6		0	40	64
2011-7-1	A-003	LABS	LAB原味125克	盒	9		0	11	99
2011-7-1	D-002	单果粒	黄桃125克	条	13.8	10	138		0
2011-7-1	E-001	复合果粒	复合草莓+树莓	杯	2.1	40	84		0
2011-7-1	D-001	单果粒	草莓125克	条	13.8		0	5	69
2011-7-1	A-003	LABS	LAB原味125克	盒	9	10	90		0
2011-7-2	C-003	袋酸	袋酸原味	袋	21	5	105		0
2011-7-2	D-003	单果粒	芦荟125克	条	16	5	80		0
2011-7-2	F-003	果粒280克	果粒280克蓝莓	瓶	6.9	10	69		0
2011-7-2	F-004	果粒280克	果粒280克绿豆	瓶	6.5	20	130		0
2011-7-2	H-002	普通杯	无糖125克	条	12.5	5	62.5		0
2011-7-2	D-002	单果粒	黄桃125克	条	13.8		0	9	124.2
2011-7-2	F-003	果粒280克	果粒280克蓝莓	瓶	6.9		0	10	69
2011-7-3	D-004	单果粒	猕猴桃125克	条	13.8	8	110.4		0
2011-7-3	F-001	果粒280克	果粒280克蓝莓	瓶	6.9	15	103.5		0
2011-7-3	F-004	果粒280克	果粒280克绿豆	瓶	6.5		0	18	117

中能科技产品出入库数据记录表

图序-2

报表还用于数据汇总统计，如按人员汇总回款额、客户数等；按出额汇总日常费用等，如图序-3所示，从海量数据中选择过滤，整理信息，方便Boss查看起来更清晰。

中能科技日常费用汇总（月份：2012年5月）

求和项:出额	列标签					
行标签	办公费	差旅费	其他	医疗费	招待费	资料费	总计
财务部				480		200	680
后勤部				542.4			542.4
销售部	6554	80		316.8	1700		8650.8
行政部	2539			3144	220	500	6403
研发部	4824	3000		4208			12032
总计	13917	3080		8691	1920	700	28308.2

图序-3

2. 企业为什么要各类数据报表

小强：王哥，报表对企业真那么重要？我知道每个企业每年都有很多张报表。

王哥：数据报表的作用很大，我以营销报表作为实例，给你讲述报表的用途。报表本身就是对混乱、无序的数据进行整理，转化成清晰明了的数据，就是对资源的优化；企业依据营销报表上面的数据，来决定企业对某项产品生产的多寡，市场好，就多生产；市场上该产品已经饱和，就少生产，如图序-4所示，企业依此对生产部门下达命令，依据营销的数据，还可以在一定程度上反映业务员的工作认真程度，企业对其进行监督和管理。

N25		f_x					
	A	B	C	D	E	F	G	H
1	各工厂到各销售市场的运费						
2		分销市场1	分销市场2	分销市场3	分销市场4		
3	中能	464	513	654	650		
4	华润	352	416	690	791		
5	康福	500	400	388	685		
6							
7							
8	运 量 分 配 规 划						
9		分销市场1	分销市场2	分销市场3	分销市场4	总计	提供量
10	中能	0	25	0	85	110	150
11	华润	80	45	0	0	125	125
12	康福	0	30	70	0	100	100
13	总计	80	100	70	85		
14	需求量	80	100	70	85	总运费	154115
15							

图序-4

数据显示出来的信息反映出企业当前阶段的运营状况，企业会依据数据决定下一步的发展计划。同时，企业会利用营销报表中的数据，作为一种对外宣传手段，因为数据是最为有力的证据。如果没有数据报表作为依据，企业的经营管理就会陷入混乱。

小强：如此说来，数据报表时企业运筹帷幄的基础，数据的准确与否，关系公司直接性的利益。

王哥：作为公司的一员，数据报表设计与制作责任重大，我们有义务承担责任。

3. 作为菜鸟如何学习数据报表设计

小强慌张起来：王哥，既然责任这么重大，报表这么重要，那对于我这样的菜鸟如何才能把报表做好，怎样才能成为一位优秀的报表设计者？

王哥沉思了一会说：要想把报表设计得完美、成为一名优秀的报表设计者，其实也很简单。在制作报表时要明确老板要什么样的报表，然后收集足够的数据，面对数据时，要理清思路，同时要掌握数据输入、整理以及分析的技巧。

在输入数据时，如果要降低误输入的发生，就需要用到Excel记录单功能输入，如图序-5所示。使用自动更正等方法，在创建报表时，就能给我们节约不少时间。

图序-5

对于要进行删减、合并与整理等凌乱的数据，在计算数据时可以通过函数设置公式来运算，如图序-6所示等。

B3　=SUM(销售统计表!$H$4:$H$63,A3)

销售与交易金额						
月份	1月	2月	3月	4月	5月	6月
销售金额	9334032.00	6566510.00	4424411.00	3922474.00	2582577.00	4718379.00
交易金额	6067120.80	4268231.50	2875867.15	2549608.10	1678675.05	3066946.35
差额	3266911.20	2298278.50	1548543.85	1372865.90	903901.95	1651432.65

图序-6

5

在数据进行分析时，可以采用排序、筛选、分类汇总功能，也可以使用数据透视表来分析庞大数据等，如图序-7所示。

行标签	规格	货品名称	求和项:销售量	求和项:商业折扣	求和项:交易金额
陈纪平	宝来	宝来嘉丽布座套	20	770	1430
	宝来 汇总		20	770	1430
	索尼		34	4522	8398
陈纪平 汇总			54	5292	9828
崔子键	捷达	捷达挡泥板	134	703.5	1306.5
		捷达扶手箱	8	86.8	161.2
	捷达 汇总		142	790.3	1467.7
崔子键 汇总			142	790.3	1467.7
方龙	宝来	宝来挡泥板	75	1470	2730
		宝来亚麻脚垫	40	434	806
	宝来 汇总		115	1904	3536
	灿晶	灿晶800伸缩彩显	1	93	837
	灿晶 汇总		1	93	837
方龙 汇总			116	1997	4373
李晶晶	灿晶	灿晶870伸缩彩显	1	93	837
	灿晶 汇总		1	93	837
	捷达	捷达扶手箱	26	409.5	760.5
		捷达亚麻脚垫	30	325.5	604.5
	捷达 汇总		56	735	1365
	索尼		10	4235	7865

图序-7

对于比较复杂的数据分析结果，可以利用图表的形式直观地展现出来，老板一眼看到想要的结果，自然会非常满意。同时这份报表的制作者，一定能给老板留下深刻的印象，一举两得，如图序-8所示。

图序-8

小强：要是能这样我也算是一个优秀的设计者了。

王哥笑着说：这样做还不够，单纯堆砌数据会让人感到枯燥。适当地添加图片美化一下表格。把报表做得美观，让别人看上去赏心悦目，追求美观是人与生俱来的本性。

小强乐呵呵地说：您说了这么多，我现在热血沸腾，我会朝着优秀报表设计师的方向努力的。

4. 作为报表设计者应具备的素质

王哥笑着说：先别高兴得太早，要想成一位优秀的数据报表设计者，并非一件容易的事情。关键还需要在工作中通过实践来学习，慢慢成为一位优秀的数据报表设计者。

下面，介绍一名优秀的数据报表设计者需要具备的基本能力和素质，如图序-9所示：

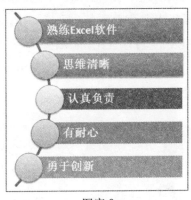

图序-9

➡ 熟练Excel软件

现代企业要求员工，掌握常用办公软件，如Word、Excel、PPT的使用方法，其中涉及到数据表格时，Excel最为简单和实用。

制作一份精美的数据报表，首先必须掌握Excel软件的基本操作。古语云：工欲善其事，必先利其器。要想做好报表，必须先熟练掌握Excel软件，只有这样在制作报表时才能得心应手。

➡ 思维清晰

除了会使用制作数据报表的工具外，一位优秀的报表设计师通常具备强大的逻辑思考能力和缜密的思维能力。

在制作报表时候思路要清晰，要有目的，有条理，能够理清数据的整体以及局部的结构，在深度思考后，能以各种形式来展示数据。

➡ 认真负责

态度决定一切。优秀的数据报表设计精英都具有严谨的态度，从数据输入，数据分析，到函数的公式运用，都具备严谨的态度。

只有本着严谨负责的态度，才能保证时间的客观、准确。

→ 有耐心

除了认真负责，还要有耐心。报表设计的整个过程，是相当枯燥乏味的，面对一堆数据、一连串的函数、令人眼花缭乱的图表，这一切困难，都需要耐心、一丝不苟地完成报表的设计。

→ 勇于创新

创新是一个优秀报表设计师应具备的精神，只有不断地创新，才能提高报表的制作水平。工作中遇到的数据报表千变万化，如果墨守成规，整个数据报表将会无亮点，千篇一律。在实践中总结出一套自己的经验规律，数据报表也会打上自己的风格。

以上五点素质是优秀报表设计者不可或缺的素质，具备优秀的素质，才能设计出优秀的报表。

小强叹着气说：哎，看来一行有一行的"规矩"。要想成为优秀的数据报表设计师我还有很长的路要走。

王哥：做什么都得从头学起，一步一个脚印，稳扎稳打。我现在考考你，看看你有没有认真在听，我都说了些什么内容？你替我总结一下。

小强迫不及待地说：王哥主要讲了报表的含义、公司要求制作报表的目的、怎样做才能制作出优秀的报表，怎样做才能成为一名优秀报表设计者以及优秀的报表设计者应具备的五点素质。

王哥忍不住夸道：年轻人就是年轻人，一学就会，一听就能记住。看来孺子可教也。

小强高兴地说：我可是打不死的小强，关键您讲得很清晰，我也给您总结了几个字：易学、易懂、易记。

王哥和小强都大笑起来。

第**1**章
明确报表的设计意图

小强通过严格的面试、笔试，最终从众多优秀应聘人员中脱颖而出，成为公司的一员，主要负责报表制作与数据分析。在大学期间，小强没有学过专业的报表制作，对于能否胜任工作，心里七上八下。这天，Boss向小强布置了一个任务：制作营销报表。

1.1 Boss究竟让做什么

认识王哥后，小强觉得一切问题都会迎刃而解，没有自己想得那样可怕，毕竟自己才来一个多星期，老板不会让他做那么难的任务的。

小强：王哥，打扰您了。老板让我赶紧把上半年的营销报表制作出来，催得很紧啊！

王哥：别着急，你刚到公司来上班，在毫无准备的情况下能把报表做好吗？古人云：欲速则不达。我可不太放心你制作出来的报表能让老板满意。

小强：王哥，那我现在该怎样做呢？

王哥愠怒：小强，看来你没有领会刚才说的怎么设计出好的报表和怎样做一个优秀的报表设计者，自己回想一下，第一步要怎么做？

小强：第一步是明确目的。营销报表不就是销售报表吗（如图1-1所示）？

王哥：不是，营销报表不是销售报表，销售只是营销的一部分，这个任务不简单啊。

销售日期	客户	货品名称	规格	单位	销售量	销售单价	销售金额	商业折扣	交易金额	销售员
				上 半 年 销 售 统 计						
销货单位: 上海市中能科技有限公司				统计时间: 2012年7月					统计员: 王荣	
2012-1-1	南京慧通	宝来扶手箱	宝来	个	1000	110	110000	38500	71500	刘慧
2012-1-1	上海迅达	捷达扶手箱	捷达	个	1630	45	73350	25672.5	47677.5	李晶晶
2012-1-2	个人	捷达扶手箱	捷达	个	800	45	36000	12600	23400	刘慧
2012-1-2	南京慧通	宝来嘉丽布座套	宝来	套	200	550	110000	38500	71500	陈纪平
2012-1-2	无锡联发	捷达地板	捷达	卷	450	55	24750	8662.5	16087.5	马艳红
2012-1-3	上海迅达	捷达挡泥板	捷达	套	4500	15	67500	23625	43875	崔子健
2012-1-4	合肥商贸	捷达亚麻脚垫	捷达	套	2800	31	86800	30380	56420	李晶晶
2012-1-5	南京慧通	宝来亚麻脚垫	宝来	套	800	31	24800	8680	16120	方龙
2012-1-6	南京慧通	捷达挡泥板	捷达	套	5000	15	75000	26250	48750	崔子健
2012-1-6	个人	索尼派VA6937	索尼	对	800	480	384000	134400	249600	张军
2012-1-7	南京慧通	宝来亚麻脚垫	宝来	套	600	31	18600	6510	12090	方龙
2012-1-7	南京慧通	索尼单NS-60	索尼	对	650	380	247000	86450	160550	陈纪平
2012-1-8	杭州千叶	兰宝6寸套装喇叭	兰宝	对	820	485	397700	139195	258505	刘慧
2012-1-9	合肥商贸	捷达亚麻脚垫	捷达	套	7600	31	241800	84630	157170	李晶晶
2012-1-9	个人	灿晶800伸缩彩显	灿晶	台	200	930	186000	65100	120900	方龙
2012-1-9	南京慧通	索尼单	索尼	对	1200	380	456000	159600	296400	陈纪平
2012-1-10	上海迅达	索尼400内置VCD	索尼	台	200	1210	242000	84700	157300	李晶晶
2012-1-11	个人	灿晶液阳板显示屏	灿晶	台	120	700	84000	29400	54600	张军
2012-1-12	上海迅达	索尼400内置VCD	索尼	台	200	1210	242000	84700	157300	李晶晶
2012-1-12	个人	索尼2500MP3	索尼	台	150	650	104000	36400	67600	刘慧
2012-1-13	合肥商贸	捷达亚麻脚垫	捷达	套	1800	31	55800	19530	36270	李晶晶
2012-1-13	无锡联发	阿尔派758内置VCD	阿尔派	套	40	2340	93600	32760	60840	林乔杨

图1-1

　　小强，看来你不但没有领会Boss的真正意图，而且还曲解了他的意思，老板既然把这么重要的任务交给你了，那你就得认真准备，这关系到职场新人在老板心目中的印象。做得好，印象就会加深，做得不好，以后升职、加薪就困难了。

小强：王哥，我还以为是销售报表呢！听您这么说，看来我还得好好想想老板刚才所说的话。

　　小强的思绪回到几个小时以前，老板严肃地给小强下达任务。

Boss：小强啊，你进公司已经一个多星期了，还适应公司的环境吗？

小强：适应得差不多了。

Boss：那就好。给你布置个新的任务。你把公司上半年的营销数据整理一下，整理完了，给我上半年的营销报表。这些数据相当混乱，你可得用点心。对了，记得要突出各个业务员上半年的销售业绩，并预测7月份公司销售情况。

　　小强把老板对他说的话，原原本本地复述给王哥听。

1.2 老板的话要听仔细 —报表设计的方向

王哥：小强，你觉得有那么简单吗？那你说说老板说的话哪些是重点？

小强：我觉得老板主要就是让我把上半年的营销数据整理一下。

王哥：你只想到了将混乱的数据整理清晰，但是没有看到还要对这些数据进行分析，没有这些数据的分析结果（如图1-2所示），怎么去做7月的销售预测？不能是无中生有、空穴来风吧。

	预测7月产品销售量						
1月销售量	2月销售量	3月销售量	4月销售量	5月销售量	6月销售量	7月销售量	销售利润额（元）
521	508	608	419	500	466	9008	80000

图1-2

小强挠挠头：王哥，我还是不解，老板到底要我做什么？您给我指点一下迷津。

王哥：老板是让你把上半年的营销数据统计出来，其中包括了业务员的销售情况，这些数据整理出来后，对数据进行分析，预测7月的销售情况。

对报表中数据进行分析，用表格、图表等格式来动态显示数据，如图1-3所示，对数据的结果能够一目了然，这才是老板的意图。

▶ | 明确报表的设计意图

	A	B	C	D	E	F
1	地域	销售金额（百万）				
2	A	38.2				
3	B	26.3				
4	C	15.2				
5	D	7.5				
6	E	4.6				
7	F	3.2				
8	G	2.1				
9	H	1.9				
10	I	1				
11	J	0.8				
12						
13						
14						
15						

图1-3

 小强恍然大悟：看来我理解错了，我以为只是单纯地统计数据而已。

 王哥：年轻人刚进公司都这样。时间久了，就知道怎么做了。言归正传，要想做好数据报表，我们首先要做的就是去准备相应的数据资料，没有足够的数据资料，巧妇也难为无米之炊。对一个公司而言，数据资料通常是无比繁杂的。

没有明确方向，就很难掌握有用的数据。Boss说让你把上半年营销数据加以整理，做出上半年营销报表给他。他既然这样说，那就证明他对公司营销情况的具体细节不是很清楚。

 小强：那么多复杂的资料都得整理么？

 王哥：不错，谁让你被老板"看中"了。

1.3 Boss下达任务
——制作数据报表目的

 小强：听了您的分解，大致的思路已经清楚了。

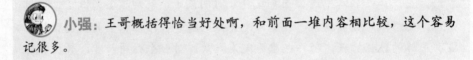

王哥：其实做事情要有目的性，明确的目的性才不会使我们迷茫和困惑，才能使我们有的放矢，提高工作效率。

尤其像我们这一行业的人，和数据打交道，没有目的性就成了数据输入的机器，数据只是一堆数字的集合，不能说明问题，关键能从一堆数字里看到本质的、隐藏性的东西，便是制作数据报表的目的。

- 将混乱的数据变得清晰，方便使用者观察、分析、进一步加工；
- 从数据观察中得出有用信息，从而了解事物的发展状况；
- 分析、比较报表，为下一步决策提供依据；
- 清晰的数据报表，为以后分析决策提供便利。

小强：王哥概括得恰当好处啊，和前面一堆内容相比较，这个容易记很多。

1.4 切实有效地看破数据报表的目的

王哥：做任何一件事情都有目的，制作数据报表当然也不例外。如果目的不明确，将会导致制作报表的过程非常盲目。在制作报表前，一定要理清制作报表思路，确保不迷失方向（如图1-4所示）。

小强：可是要怎么做才是千里之行的开端，做比想要困难得多，怎么才能做到一眼就可以看透老板让我们做数据报表的目的？

王哥：其实做到看透数据报表的目的，只需要几步：

- 听清命令是最重要的一步，命令都没有听清楚，后面的一切都会偏离方向。

- 接下来就要抓住老板任务的重点和核心，如果不清楚，一定要当面问清楚，尽量多问一些相关问题，这是设计报表的关键。

- 根据所需内容，搜集整理相关数据，在数据的整理过程理清思路，从设计报表的目的出发，这样才能去芜存菁。

 小强：下次老板再有什么任务的话，我得认真听了，向老板多问几个问题。这次方向都没明确，看来以后我还得向王哥多多请教。

 王哥：请教不敢当，我比你入职早，在工作方面比你懂得多，可能在其他方面我还要向你请教呢。大家是同事，以后互相帮忙。我方才说的你记住没？

 小强：记住了，主要讲了设计报表的目的是将繁乱的数据转化成易于理解的形式，从而在数据中提取有用信息，给决策提供依据。

 王哥：看透报表设计的目的有几个步骤？

 小强：听清楚老板命令、勾勒轮廓、明确目的。

 王哥：看来你用心在听。所谓师傅领进门，修行看个人，以后再设计报表，需要自己多去钻研。

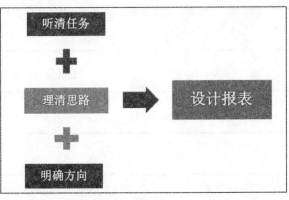

图1-4

15

第2章

蓄势待发——理顺报表设计思路并收集数据

在王哥的帮助下，小强已经能够揣摩Boss的任务意图了。他回到自己的座位上，拿起一摞营销数据表开始研究起来，数据表反反复复地翻了又翻……

王哥见到小强这幅模样，立刻拦住了他。

 王哥微笑地说：小强，这么快就投入工作了啦？

小强无奈地说：Boss催得紧啊！不是要收集一些关于公司营销的表格嘛，现在正在收集数据呢。

王哥：收集数据是必须的，那你设计报表的思路理清楚了没呀？你得先理清设计报表的思路啊，在脑子里有了思路了，然后再一步一步地去完成报表的设计。

2.1 如何理顺报表设计思路

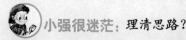 **小强很迷茫**：理清思路？

王哥：当然了，不理清思路，怎么知道该如何去设计报表，总不能盲目地去制作报表吧！思路理清了，搜集数据会方便很多。

小强迫切地说：麻烦王哥帮我分析一下。

王哥笑了笑说：首先要看对报表设计的认识，还要看个人的思维逻辑，我也帮不上什么大忙，需自己去体会。不过我可以帮你指点指点，首先来理一下思路，如图2-1所示。

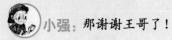 **小强**：那谢谢王哥了！

王哥：现在要和你讲的就是收集数据了，收集数据为报表制作提供了素材和依据。这里所说的数据包括第一手数据与第二手数据，第一手数据主要指可直接获取的数据，第二手数据主要指经过加工整理后得到的数据，如图2-2所示。

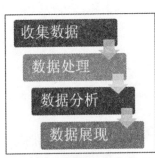

图2-1

图2-2

小强，你知道数据有哪些类型吗？

 小强：我常用到的是数字、文字和日期。

王哥：是啊，我们最常用的就是这三类。当然还有如货币等其他数据类型。

 小强：数据到底有哪些类型呢？

王哥：有一个方法可以知道，就是在Excel中用单元格格式查看所有的数据类型。

小强连忙说：我知道在哪，是不是在"设置单元格格式"对话框中查看啊？

 王哥笑了笑：是啊。

选择Excel中的任意一个单元格，单击鼠标右键，在弹出的菜单中选择

"设置单元格格式"，会出现"设置单元格格式"对话框。在这个对话框中，可以看到各种不同的数据类型，如图2-3所示。

图2-3

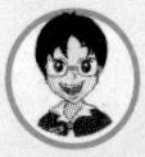

王哥接着说：数据收集后，就要进行数据处理了。要对不同的数据进行加工整理，一个报表里有不同的表格，反映的问题肯定也各有侧重。我们根据需要从大量的、杂乱无章、难以理解的数据中抽取并推导出对解决问题有价值、有意义的数据，如图2-4所示。

图2-4

数据处理主要包括数据清洗、数据转化、数据提取、数据计算等处理方法。一般拿到手的数据都需要进行一定的处理才能用于后续的报表制作的其他工作，即使再"干净"的原始数据也需要先进行一定的处理才能使用，如图2-5所示。

	A	B	C	D	E
1			各员工销售业绩统计		
2	销售员姓名	总销售量	总交易金额	排名	
3	林乔杨	24849	6912679.8	1	
4	李晶晶	25537	1958186.75	6	
5	马艳红	16066	1026644.45	8	
6	刘慧	23468	2039846.25	5	
7	陈纪平	8183	2258334	4	
8	张军	11368	1220131.25	7	
9	方龙	55372	2345952.7	3	
10	崔子键	201523	2744673.75	2	

图2-5

小强：明白了。数据处理是数据报表分析的前提，对有效数据进行分析才是有意义的。那数据处理后应该做哪些工作呢？

王哥接着说：数据经过整理后，需要对数据进行分析和研究。一般的数据分析我们都是通过Excel完成，从中发现数据的内部关系和规律，如图2-6所示。

	A	B	C	D	E	F
1	销售日期	(多项)				
3	行标签	规格	货品名称	求和项:销售量	求和项:商业折扣	求和项:交易金额
4	⊟陈纪平	⊟宝来	宝来嘉丽布座套	20	770	1430
5		宝来 汇总		20	770	1430
6		⊞索尼		34	4522	8398
7	陈纪平 汇总			54	5292	9828
9	⊟崔子键	⊟捷达	捷达挡泥板	134	703.5	1306.5
10			捷达扶手箱	8	86.8	161.2
11		捷达 汇总		142	790.3	1467.7
12	崔子键 汇总			142	790.3	1467.7
14	⊟方龙	⊟宝来	宝来挡泥板	75	1470	2730
15			宝来亚麻脚垫	40	434	806
16		宝来 汇总		115	1904	3536
17		⊞灿晶	灿晶800伸缩彩显	1	93	837
18		灿晶 汇总		1	93	837
19	方龙 汇总			116	1997	4373
21	⊟李晶晶	⊟灿晶	灿晶870伸缩彩显	1	93	837
22		灿晶 汇总		1	93	837
23		⊞捷达	捷达扶手箱	26	409.5	760.5
24			捷达亚麻座	30	325.5	604.5
25		捷达 汇总		56	735	1365
26		⊞索尼		10	4235	7865
27	李晶晶 汇总			67	5063	10067

图2-6

小强：数据处理和数据分析是否可以这样理解：数据处理是数据分析的基础。通过数据处理，将收集到的原始数据转换为可以分析的形式，并且保证数据的一致性和有效性。

王哥笑着说：是啊，如果数据本身存在错误，那么即使采用最先进的数据分析方法，得到的结果也是错误的，不具备任何参考价值，甚至还会误导决策。

数据分析后接着就是数据展现了，也是制作报表的目的。通过分析，隐藏在数据内部的关系和规律就会逐渐浮现出来，以表格和图表的方式呈现出来，方便查看，如图2-7所示。

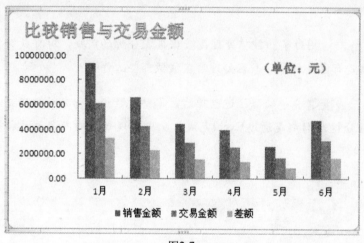

图2-7

这里需要注意：一般情况下，能用图说明问题的，就不用表格，能用表格说明问题的，就不用文字。因为大多数情况下，人们比较愿意接受图形这种数据展现方式，因为它能更有效、直观地传递出分析师所要表达的观点。

小强：谢谢王哥！听您这么一说，我头脑清楚多了。

王哥：没有清晰的思路，根本没有办法制作好报表，不知道自己为什么要做报表，心里都没有一个明确的方向，怎么能设计出优秀的报表呢？

2.2 深入了解Excel 2010 操作界面

王哥：对了，现在企业一般都是用Excel软件来制作报表。

小强，以前在学校的时候有没有系统地学过Excel的使用方法啊？

小强：在学校的时候学过，不过我以前用的都是Excel 2003版本的软件。现在公司用的都是Excel 2010版本，我只知道一些常规操作，许多复杂功能现在都搞不清楚。

王哥：是啊，公司用的都是Excel 2010版本。Excel虽然博大精深，可是操作起来都很简单。它是目前最新的版本，相对于2003版和2007版在很多地方有了改善，功能更强大，使用更方便。

小强：你可以给我介绍下Excel 2010版本吗？

王哥：当然可以啊。

无论是Excel 2007还是Excel 2010，其界面相对于Excel 2003来说都发生了巨大的变化；Excel 2010相对于Excel 2007来说，界面变化不大，如图2-8所示。

小强一边打开各个标签，王哥一边介绍：Excel 2010的功能区由标签、选项组和一些工具栏按钮组成，这里集合了Excel 2010绝大部分的功能，如图2-9所示。

23

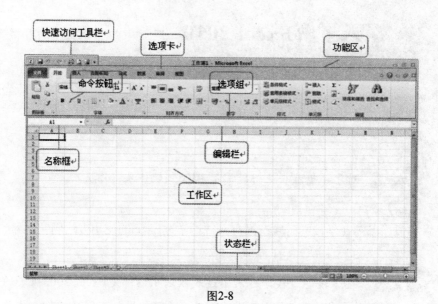

图2-8

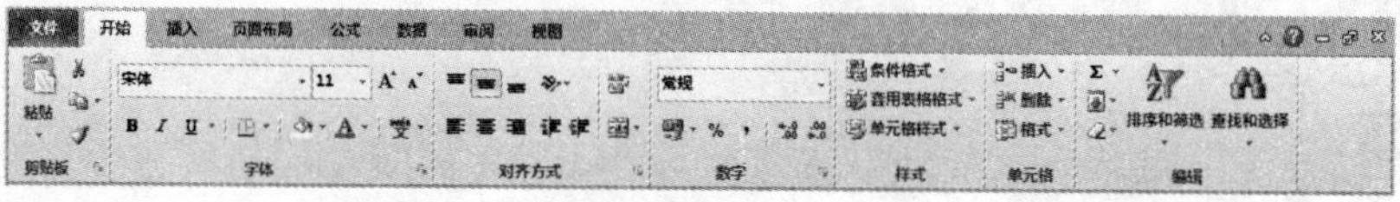

图2-9

位于功能区的顶部的标签有文件、开始、插入、页面布局、公式、数据、审阅、视图，默认的标签为"开始"选项卡，用户可以在想选择的选项卡上单击再选择该选项卡，如图2-10所示。

选项组位于每个标签内部。例如，"开始"标签中包括"剪贴板、字体、对齐"等选项组，相关的命令组合在一起来完成各种任务，如图2-11所示为"字体"选项组。

图2-10   图2-11

王哥喝了口水，接着说：命令的表现形式有下拉列表框、按钮下拉菜单或按钮，放置在选项组内。

快速访问工具栏是用于放置用户经常使用的命令按钮，使用户快速启动经常使用的命令，如图2-12所示。快速启动工具栏中的命令可以根据用户的需要增加或删除。

图2-12

名称框是用于显示工作簿中当前活动单元格的单元引用。编辑栏：用于显示工作簿中当前活动单元格的存储的数据。

工作区用于编辑数据的单元格区域，Excel中所有数据的编辑操作都在此进行。

位于Excel 2010主界面的最下方，用于显示软件的状态。其右侧包含了三个视图切换按钮和一个显示比例调节功能。

单击"文件"标签，会切换到Backstage视图，如图2-13所示。Backstage视图可帮助用户找到打开或完成文档时经常访问的命令，包括打开新的或现有的文件、定义文档属性以及共享信息时需访问的命令。

图2-13

我现在也就是大体地介绍，只要知道做什么操作时选择哪一个选项卡就行，在实际操作中可以慢慢熟悉。

小强：明白，这些最基本的操作，一定能掌握。不过我突然想到一个问题，是不是所以的功能都包含在这8个选项卡里了？我还可不可以添加选项卡，添加功能呢？

王哥：当然！Excel 2010的功能非常强大，每个选项卡功能区里面列出来的不过是常用功能而已。

工具栏上默认的工具栏按钮不能完全满足编辑的需要，就需要手工将一些功能添加进来。"开发工具"选项卡默认是不显示的。下面就以"开发工具"添加到工具栏中为例加以介绍。

单击"文件"选项卡，选中"选项"标签，弹出"Excel选项"对话框，如图2-14所示。

图2-14

选择"自定义功能区"标签，在"自定义功能区"列表中，选中"开发工具"复选框，如图2-15所示。

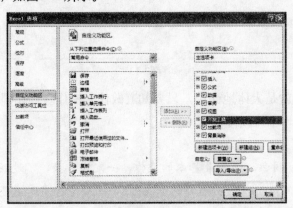

图2-15

单击"确定"按钮返回到工作簿，即可在工具栏中看到已添加了"开发工具"功能，如图2-16所示。

图2-16

小强笑着说：这么简单啊！那我可不可以自定义一个属于自己的选项卡呢？

王哥：哈哈……这么有激情啊！如果需要使用某些特定功能，可以新建一个选项卡，然后在这个标签下添加常用的命令。需要使用这些命令时，用户可以直接在新建的标签或选项组下找到，非常方便。

单击"文件"选项卡，选中"选项"标签，弹出"Excel选项"对话框。

在"Excel选项"对话框中选择"自定义功能区"标签，然后在右侧的窗格中单击"自定义功能区"按钮下拉菜单，在展开的菜单中选择"主选项卡"命令。

接着单击"新建选项卡"按钮，即可在列表中新建一个选项卡，并在该选项卡下新建一个组。选中"新建选项卡（自定义）"，单击"重命名"按钮，如图2-17所示。在弹出的"重命名"对话框中输入合适的选项卡名称，如"常用功能"。

图2-17

单击"确定"按钮，返回到Excel主界面，在功能区中即可看到新建的标签和组。

小强笑着说：那我是不是可以将它重命名为"小强功能区"啊？

王哥：是的。你还可以试试将功能添加到"快速访问工具栏"里，操作大同小异。

2.3 巧妙地复制数据

小强之前还为自己对Excel 2010版本不熟悉而担心呢。没想到王哥一下子就帮他解决了。小强顿时感觉轻松多了。

小强心里想，刚来公司上班，Boss就交给他这么重的任务，幸亏有王哥指点，还真要好好感谢他，要不然都不知道该怎么去应付呢。

王哥看出了小强的心思：喂，想什么呢，还不工作？

小强不好意思地说：那我抓紧工作了。

王哥看着小强望着电脑屏幕，满怀信心地上网查找了一下资料，然后认真地进行复制、粘贴操作。

王哥心里想这小子还不错，还知道在网上复制资料。正准备离开，却发现小强复制下来的资料有些含有代码，有些文字是外部链接。可是小强却不知道该如何去弄。

王哥：这些复制的数据怎么能成这样了呢？

小强：我还没有找到解决的方法。

王哥笑着说：其实查找、复制资料也是很有窍门的。

➔ 纯文字内容

如果复制的内容是纯文字形式，无表格与图片，直接单击工具栏上的"粘贴"按钮就可以了，网页文字上原有的属性都会保留下来，只是比较零乱，需要整理。

在许多情况下文档中出现大量的"手工换行符"，这时你可以应用Excel"查找/替换"功能来轻松解决，如图2-18所示。

打开"查找/替换"对话框，在"查找/替换"对话框中，单击"选项"按钮，如图2-19所示。

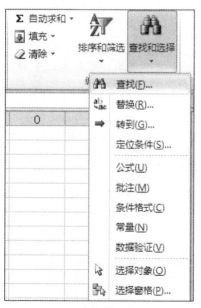

图2-18

图2-19

通过特殊字符在"查找内容"框中加上"^l"（手工换行符），在"替换为"框中加上"^p"（段落标记），再单击"全部替换"按钮，如图2-20所示，瞬间就完成替换操作。

图2-20

如果不需要保留原来的格式及链接等，单击"编辑"|"选择性粘贴"，打开"选择性粘贴"对话框，在"粘贴"选项中选择"无格式文本"，确定后就可以了。

如果复制下来的文档内容具有外链接的话，为了过滤文本的格式和外链接，可以先将文本内容复制、粘贴在txt格式文档中（或者是文本文档中），然后再转入Word里面进行格式重新排版。这样所有的外链接也就不复存在了。

王哥："查找/替换"对话框中内置了许多查找选项，可以满足多种需求，如图2-21所示。

需要达到的目的	相关操作
在工作表或整个工作簿中搜索数据	在"范围"框中选择"工作表"或"工作簿"
在行或列中搜索数据	在"搜索"框中单击"按行"或"按列"
搜索带有特定详细信息的数据	在"范围"框中单击"公式"、"值"或"批注"
搜索区分大小写的数据	选中"区分大小写"复选框
搜索只包含"查找内容"框中的字样	选中"单元格匹配"复选框
搜索具有特定格式的文本或数字	单击"格式"，然后在"查找格式"对话框中进行选择

图2-21

王哥：例如，我们要查找所有数据为"8"的单元格，在"查找内容"右栏里输入"8"，再选中"单元格匹配"复选框即可，如图2-22所示。

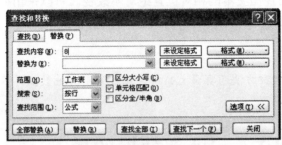

图2-22

小强：为什么要选中"单元格匹配"复选框啊？

王哥：如果不选中"单元格匹配"复选框，它将会把所有包含"8"单元格都查找出来，比如"188"、"108"……

➜ 带有表格的文本

只要将光标移动到表格内的任一位置，单击"表格"工具里面的"布局"按钮，里面有个"转换为文本"的命令（位于最右边倒数第二个），单击即可完成表格和文字的随意转换，如图2-23所示。

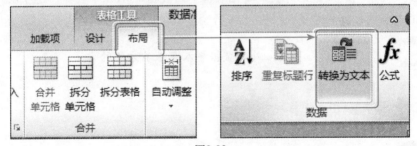

图2-23

➜ 图文并茂的网页

将资料复制到Word后，默认的图文环绕方式是"嵌入型"，在设置"行间距"时，不要选择"固定值"选项，原因是选择后，图片会置于文字的下面，被遮盖住，需要将图文环绕方式重新设置为"四周型"等环绕方式，图片才能完全显示出来。

如要保持图片与文本的相对位置绝对不改变。可以采用抓图的方法，将网页完整地抓下来，把图片插入到Word中保存就可以了。

小强：这种方法还真强大！待会儿我复制其他数据再多练习练习。

2.4　关于Excel外部数据的导入

王哥：复制数据都有困难，对于难度更大的数据导入，肯定需要我再传授些知识。

小强，你知道获取外部数据的方法有哪几种吗？

小强：我知道的有获取其他表格中的数据、Word中数据，还可以利用PPT中的数据导入。

王哥：其实关于Excel外部数据导入有很多方便的方法。

→ 导入网页数据

王哥：首先，最简单常用的就是在网页上直接导入。

在"获取外部数据"选项组中单击"自网站"选项，如图2-24所示。

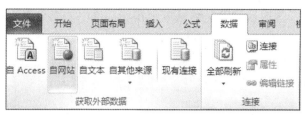

图2-24

打开"新建Web查询"对话框，在"地址"文本框中输入网站的网址，单击"导入"按钮，如图2-25所示。

图2-25

找到需要导入的内容，单击内容前的 ➡ 按钮，使其变为 ✓，即可选中内容，接着单击"导入"按钮，并设置导入数据位置，即可获取网站数据。

→ 导入Access数据库数据

在Excel中编辑的数据保存在Access数据库文件中，打开要导入数据的工作表并选定数据存放位置。打开Excel表，在菜单栏中找到"数据"选项卡，单击进入后再选择"自Access"按钮，如图2-26所示。

图2-26

在打开的"选取数据源"对话框中找到并选中需要导入的Access数据库文件，单击"打开"按钮，如图2-27所示。

图2-27

在打开的"导入数据"对话框中，根据需要进行设置，这里使用默认设置。单击"确定"按钮，如图2-28所示，即可将数据导入到Excel中。

图2-28

→ 导入文本文件

王哥：假如手边有一些以纯文本格式储存的文件，如果此时需要将这些数据制作成Excel的工作表，那该怎么办呢？重新输入一遍？这样做效率会大打折扣！

将菜单上的数据一个个复制、粘贴到工作表中，需花很多时间。只要在Excel中巧妙使用其中的文本文件导入功能，就可以减轻重新输入或者不断复制、粘贴的巨大工作量了。

打开Excel表，在菜单栏中找到"数据"选项卡，单击进入后再选择"自文本"按钮，就可以轻松导入任何文档的内容了，如图2-29所示。

➡️ 蓄势待发——理顺报表设计思路并收集数据

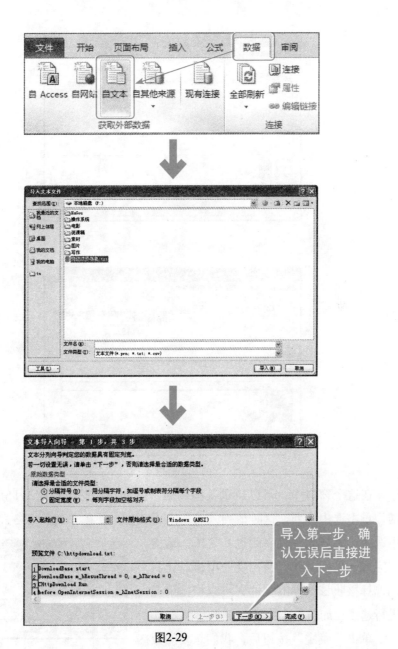

图2-29

在第三步时可以选择不同的分隔符，并能实时预览分隔效果。因为我们的文本文件是空格来分列的，所以选择空格作为我们的分隔符号，如图2-30所示。

图2-30

在这个窗口中，可以跳过某些数据，例如我们想要忽略3月份的工资的话，单击选中该列，这时该列以黑色作为底色，并在"列数据格式"单选框中选中"不导入此列（跳过）"项，单击"完成"按钮。此时会出现一个窗口让我们选择接收该数据的文件，可以根据情况进行选择，如图2-31所示。

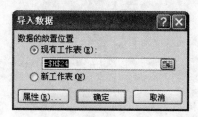

图2-31

单击"确定"按钮后，我们想要的数据已经导入到表格中了。

小强：这个有点麻烦，我得认真琢磨一下。

第3章
赢在起跑线——数据的高效输入

低效以及错误的数据输入方法，会导致报表输入效率的降低，使得报表设计输在起跑线。优秀的数据报表，不应该在数据输入环节出错。

3.1 在连续单元格区域中 输入序号

王哥：数据收集得怎么样啊？

小强：我现在已经开始录入数据了呢。

王哥凑过去看了一看：你看看，你这个销售产品列表中的"序号"怎么手工输入啊，如图3-1所示，多浪费时间的啊！数据输入也是有技巧的啊！

序号	产品	规格	单位	单价
1				
2				
3				
4				
5				

销售产品列表

图3-1

小强：王哥，那该怎么输入啊？

王哥：这里可以采用填充的方法来快速输入。

填充功能是通过"填充柄"或"填充序列对话框"来实现的。大量数据的快速录入也称为填充，对这些数据可以采用填充技术，让它们自动出现在一系列的单元格中。

小强： 那请王哥说说关于填充的知识吧。

王哥： 先打开Excel表格，然后用鼠标单击一个单元格或拖曳鼠标选定一个连续的单元格区域时，框线的右下角会出现一个黑色十字形，这个黑色十字形就是填充柄，如图3-2所示。

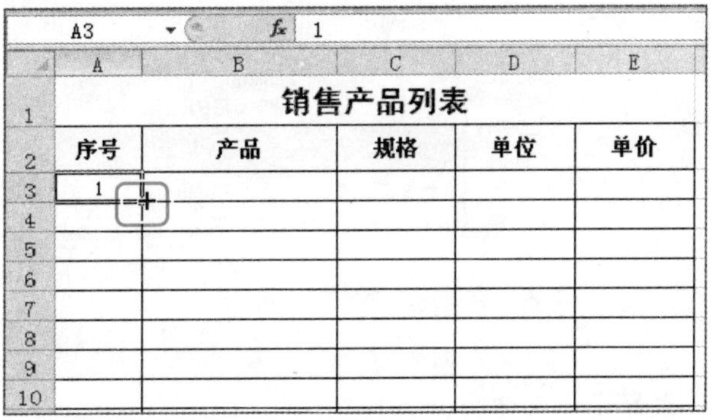

图3-2

打开填充序列对话框的方法是：单击"开始"选项的"编辑"选项卡中的"填充"按钮，弹出子菜单，在下拉菜单中选择"系列"选项，如图3-3所示。

即可弹出"序列"设定对话框，如图3-4所示。

图3-3

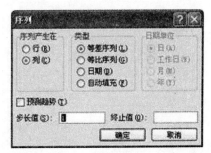

图3-4

数字的填充有三种填充方式选择：等差序列、等比序列、自动填充。

从弹出的"序列"对话框可以发现：以等差或等比序列方式填充需要输入步长值（步长值可以是负值，也可以是小数，并不一定要为整数）、终止值（如果所选范围还未填充完就已到终止值，那么余下的单元格将不再填充。如果填充完所选范围还未达到终止值，则到此为止）。

自动填充功能的作用是，将所选范围内的单元全部用初始单元格的数值填充，也就是用来填充相同的数值，如图3-5所示。

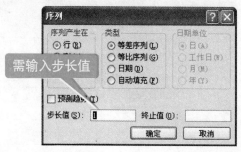

图3-5

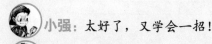小强：太好了，又学会一招！

王哥：在填充数据时我们可以利用利用鼠标按住填充柄向上、下、左、右四个方向的拖曳，来填充数据。这里就采用向下的方向拖曳，在A3单元格中输入1，在A2单元格中输入2，用鼠标选定单元格A1、A2后按住填充柄向下拖曳至目标单元格（单元格A20）时放手即可，如图3-6所示。

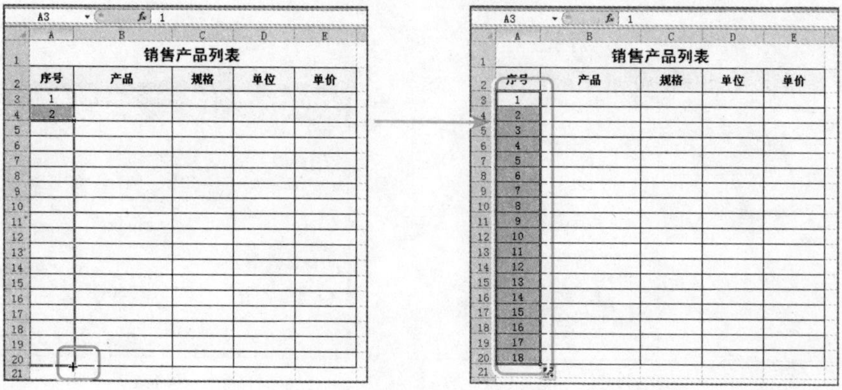

图3-6

当你利用鼠标右键来拖动填充柄向下拉的时候，在填充区域的右下角会出现一个"自动填充选项"按钮下拉菜单。在下拉菜单中可以进行数据的填充设置，如图3-7所示。

图3-7

也可利用利用填充序列对话框，选定A3单元格，在单元格中输入序列号1，选定A3单元格，在单元格中输入序列号1，单击"开始"选项的"编辑"选项卡中的"填充"按钮，弹出子菜单，在下拉菜单中选择"系列"选项，如图3-8所示。

即可弹出"序列"设定对话框，在"序列"对话框中，选中"序列产生在"栏下的"列"单选框，在步长和终止值以及行列和类型后进行设置，如图3-9所示。

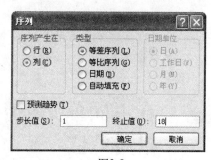

图3-8   图3-9

单击"确定"按钮，即可自动填充好数据，如图3-10所示。

王哥接着说：不过关于文本填充我得交待一些注意事项。

序号	产品	规格	单位	单价	
		销售产品列表			
序号	产品	规格	单位	单价	
1					
2					
3					
4					
5					
6					
7					
8					
9					
10					
11					
12					
13					
14					
15					
16					
17					
18					

图3-10

→ 文本填充注意事项

- 当文本中无数字的时候，填充操作都是复制初始单元格内容，填充对话框中只有自动填充功能有效，其他方式无效。

- 当文本内容全部是数字的时候，在文本单元格格式中，数字作为文本处理的情况下，填充时将按等差序列进行。

- 文本中含有数字，却不全为数字时无论用何种方法填充，字符部分不变，数字按等差序列、步长为1（从初始单元格开始向右或向下填充步长为正1，从初始单元格开始向左或向上填充步长为负1）变化。

- 如果文本中仅含有一个数字，数字按等差序列变化与数字所处的位置无关；当文本中有两个或两个以上数字时，只有最后面的数字才能按等差序列变化，其余数字不发生变化。

3.2 在不同单元格中输入 相同单位

 王哥：如果要输入很多相同的数据呢？你知道有什么简便的方法吗？

小强摇摇头：这个我也不知道。

王哥：手工输入数据本来就很麻烦，但是也有很多技巧。

如果在不同的单元格中输入大量相同的数据信息，不必逐个单元格一个一个地输入，那样需要花费好长时间，而且还比较容易出错。

小强：是啊！那有什么方法呢？

王哥：下面就介绍在多个相邻或不相邻的单元格中快速输入同一个数据的方法。首先同时选中需要填充数据的单元格，如图3-11所示。

	A	B	C	D	E
2	序号	产品	规格	单位	单价
3	1	宝来扶手箱	宝来	个	110
4	2	宝来挡泥板	宝来	件	56
5	3	宝来亚麻脚垫	宝来	套	31
6	4	宝来嘉丽布座套	宝来	套	550
7	5	捷达地板	捷达	卷	55
8	6	捷达扶手箱	捷达	个	45
9	7	捷达挡泥板	捷达	套	
10	8	捷达亚麻脚垫	捷达	套	
11	9	兰宝6寸套装喇叭	兰宝	对	
12	10	索尼喇叭6937	索尼	对	480
13	11	索尼喇叭S-60	索尼	对	380
14	12	索尼400内置VCD	索尼		1210
15	13	索尼2500MP3	索尼		650
16	14	阿尔派758内置VCD	阿尔派	套	2340
17	15	阿尔派6900MP4	阿尔派		1280
18	16	灿晶800伸缩彩显	灿晶		930
19	17	灿晶870伸缩彩显	灿晶		930
20	18	灿晶遮阳板显示屏	灿晶		700

选中需要填充数据

图3-11

若某些单元格不相邻，可在按住Ctrl键的同时，点击鼠标左键，逐个选中，然后输入要填充的某个数据，如图3-12所示。

按住Ctrl键的同时，按回车键，则刚才选中的所有单元格会同时填入该数据，如图3-13所示。

	A	B	C	D	E
2	序号	产品	规格	单位	单价
3	1	宝来扶手箱	宝来	个	110
4	2	宝来挡泥板	宝来	件	56
5	3	宝来亚麻脚垫	宝来	套	31
6	4	宝来嘉丽布座套	宝来	套	550
7	5	捷达地板	捷达	卷	55
8	6	捷达扶手箱	捷达	个	45
9	7	捷达挡泥板	捷达	套	15
10	8	捷达亚麻脚垫	捷达	套	31
11	9	兰宝6寸套装喇叭	兰宝	对	485
12	10	索尼喇叭6937	索尼	对	
13	11	索尼喇叭S-60	索尼	对	
14	12	索尼400内置VCD	索尼		
15	13	索尼2500MP3	索尼		650
16	14	阿尔派758内置VCD	阿尔派	套	2340
17	15	阿尔派6900MP4	阿尔派	台	1280
18	16	灿晶800伸缩彩显	灿晶		930
19	17	灿晶870伸缩彩显	灿晶		930
20	18	灿晶遮阳板显示屏	灿晶		700

输入需要填充数据

图3-12

	A	B	C	D	E
2	序号	产品	规格	单位	单价
3	1	宝来扶手箱	宝来	个	110
4	2	宝来挡泥板	宝来	件	56
5	3	宝来亚麻脚垫	宝来	套	31
6	4	宝来嘉丽布座套	宝来	套	550
7	5	捷达地板	捷达	卷	55
8	6	捷达扶手箱	捷达	个	45
9	7	捷达挡泥板	捷达	套	15
10	8	捷达亚麻脚垫	捷达	套	31
11	9	兰宝6寸套装喇叭	兰宝	对	485
12	10	索尼喇叭6937	索尼	对	480
13	11	索尼喇叭S-60	索尼	对	380
14	12	索尼400内置VCD	索尼	台	1210
15	13	索尼2500MP3	索尼	台	650
16	14	阿尔派758内置VCD	阿尔派	套	2340
17	15	阿尔派6900MP4	阿尔派	台	1280
18	16	灿晶800伸缩彩显	灿晶	台	930
19	17	灿晶870伸缩彩显	灿晶	台	930
20	18	灿晶遮阳板显示屏	灿晶	台	700

图3-13

王哥：对了，我还要和你介绍一个小知识，如果有一行或一列中的数据与另一列或一行中的数据相同，这时也可以以填充的方式来输入相同数据。那首先选中需要填充的单元格区域，如图3-14所示。

	序号	产品	规格	单位	单价
		销售产品列表			
1	1	宝来扶手箱	宝来	个	110
2	2	宝来挡泥板	宝来	件	56
3	3	宝来亚麻脚垫	宝来	套	31
4	4	宝来嘉丽布座套	宝来	套	550
5	5	捷达地板	捷达	卷	55
6	6	捷达扶手箱	捷达	个	45
7	7	捷达挡泥板	捷达	套	15
8	8	捷达亚麻脚垫	捷达	套	31
9	9	兰宝6寸套装喇叭	兰宝	对	485
10	10	索尼喇叭6937	索尼	对	480
11	11	索尼喇叭S-60	索尼	对	380
12	12	索尼400内置VCD	索尼	台	1210
13	13	索尼2500MP3	索尼	台	650
14	14	阿尔派758内置VCD	阿尔派	套	2340
15	15	阿尔派6900MP4	阿尔派	台	1280
16	16	灿晶800伸缩彩显	灿晶		930
17	17	灿晶870伸缩彩显	灿晶		930
18	18	灿晶遮阳板显示屏	灿晶		700

图3-14

单击"开始"选项卡，在"编辑"选项组中单击"填充"下拉按钮，在下拉菜单中选择"向下"选项，即可快速填充数据，如图3-15所示。

Σ 自动求和 ▾

填充 ▾
　　向下(D)
　　向右(R)
　　向上(U)
　　向左(L)
　　成组工作表(A)…
　　系列(S)…
　　两端对齐(J)

查找和选择

	序号	产品	规格	单位	单价
		销售产品列表			
1	1	宝来扶手箱	宝来	个	110
2	2	宝来挡泥板	宝来	件	56
3	3	宝来亚麻脚垫	宝来	套	31
4	4	宝来嘉丽布座套	宝来	套	550
5	5	捷达地板	捷达	卷	55
6	6	捷达扶手箱	捷达	个	45
7	7	捷达挡泥板	捷达	套	15
8	8	捷达亚麻脚垫	捷达	套	31
9	9	兰宝6寸套装喇叭	兰宝	对	485
10	10	索尼喇叭6937	索尼	对	480
11	11	索尼喇叭S-60	索尼	对	380
12	12	索尼400内置VCD	索尼	台	1210
13	13	索尼2500MP3	索尼	台	650
14	14	阿尔派758内置VCD	阿尔派	套	2340
15	15	阿尔派6900MP4	阿尔派	台	1280
16	16	灿晶800伸缩彩显	灿晶	台	930
17	17	灿晶870伸缩彩显	灿晶	台	930
18	18	灿晶遮阳板显示屏	灿晶	台	700

图3-15

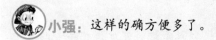
小强：这样的确方便多了。

3.3 在单元格中让产品完全显示

王哥：其实Excel录入数据的时候，还有很多技巧。例如，对于在输入"产品"的时候，数据不能完全显示的情况（如图3-16所示），你是怎么处理的？

	序号	产品	规格	单位	单价
			销售产品列表		
3	1	宝来扶手箱	宝来	个	110
4	2	宝来挡泥板	宝来	件	56
5	3	宝来亚麻脚垫	宝来	套	31
6	4	米嘉丽布座套	宝来	套	550
7	5	捷达地板	捷达	卷	55
8	6	捷达扶手箱	捷达	个	45
9	7	捷达挡泥板	捷达	套	15
10	8	捷达亚麻脚垫	捷达	套	31
11	9	宝6寸套装喇	兰宝	对	485
12	10	索尼喇叭693	索尼	对	480
13	11	索尼喇叭S-6	索尼	对	380
14	12	尼400内置V	索尼	台	1210
15	13	索尼2500MP3	索尼	台	650
16	14	尔派758内置	阿尔派	套	2340
17	15	尔派6900ME	阿尔派	台	1280
18	16	晶800伸缩彩	灿晶	台	930
19	17	晶870伸缩彩	灿晶	台	930
20	18	晶遮阳板显示	灿晶	台	700

图3-16

小强：当然是对这些单元格重新定义较小的字号了。

王哥：如果依次对这些单元格中的字号调整的话，工作量将会变得很大。

小强：是啊！难道这还有什么技巧啊？

王哥：当然有了。选中需要Excel根据单元格的宽度调整字号的单元格区域。单击"开始"选项卡，在"单元格"选项组中单击"格式"下拉按钮，在下拉菜单中选中"设置单元格格式"选项，如图3-17所示。

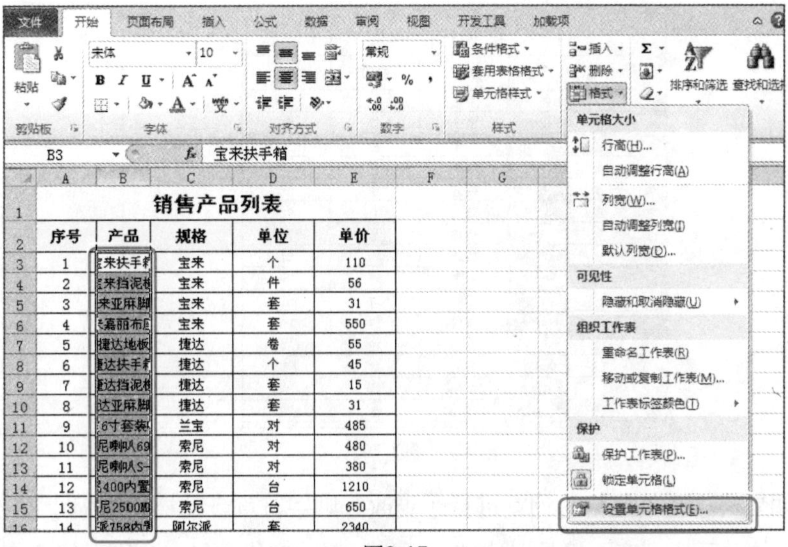

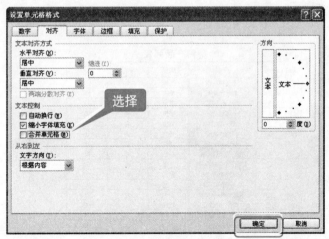

图3-17

打开"设置单元格格式"对话框，在对话框中切换到"对齐"选项，在"文本控制"下选中"缩小字体填充"复选框，并单击"确定"按钮，如图3-18所示。

图3-18

在这些单元格中输入数据时，如果输入的数据长度超过了单元格的宽度，Excel能够自动缩小字符的大小把数据调整到与列宽一致，以使数据全部显示在单元格中，如图3-19所示。

图3-19

如果对这些单元格的列宽进行了更改，则字符可自动增大或缩小字号，以适应新的单元格列宽，但是对这些单元格设置的字体字号大小则保持不变。

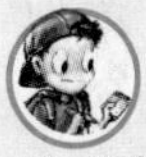

小强：果然如图3-20所示销售产品列表中的每一列都调整到最合适的列宽了。刚刚所讲的操作，菜单栏上的功能按钮很清晰，根据需要按部就班地操作即可。

图3-20

王哥：关于自动调整列宽，还有一个更简便的方法：选中要调整的单元格区域，鼠标移到任意列表之间，直到光标变成左右带箭头的十字图形，如图3-21所示。

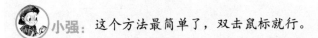

序号	产品	规格	单位	单价
	销售产品列表			
1	宝来扶手箱	宝来	个	110
2	宝来挡泥板	宝来	件	56
3	宝来三群脚垫	宝来	套	31
4	宝来豪华脚踏套	宝来	套	550
5	捷达地板	捷达	卷	55
6	捷达扶手箱	捷达	个	45
7	捷达挡泥板	捷达	套	15
8	捷达三群脚垫	捷达	套	31
9	兰宝8寸功放液晶机	兰宝	对	485
10	索尼喇叭6937	索尼	对	480
11	索尼喇叭S-60	索尼	对	380
12	索尼400内置VCD	索尼	台	1210
13	索尼2500MP3	索尼	台	650

图3-21

然后双击，选中的所有列即自动调整为最合适的列宽了。这种方法还可以用于调整合适的行距，即选中数据表行，将鼠标移到行号的交接处，双击鼠标，所选行就全部自动调整成最合适的行距。

小强：这个方法最简单了，双击鼠标就行。

3.4 通过设置下拉列表来输入数据

小强：如果能够掌握一些技巧，在处理数据时就简单高效多了。

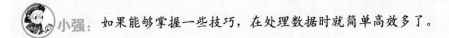

王哥：那是当然的。例如在数据报表中输入数据也是有技巧的。这“上半年销售统计表”中“货品名称”、“销售员”都是通过手工输入的吧，如图3-22所示。

C4 | 宝来扶手箱

	A	B	C	D	E	F	G
1	上半年销售统计						
2	销货单位：上海市中能科技有限公司				统计时间：2012年7月		
3	销售日期	客户	货品名称	规格	单位	销售量	销售单价
4	2012-1-1	南京慧通	宝来扶手箱	宝来	个	1000	110
5	2012-1-1	上海迅达	捷达扶手箱	捷达	个	1630	45
6	2012-1-2	个人	捷达扶手箱	捷达	个	800	45
7	2012-1-2	南京慧通	宝来嘉丽布座套	宝来	套	200	550
8	2012-1-3	无锡联发	捷达地板	捷达	卷	450	55
9	2012-1-3	上海迅达	捷达挡泥板	捷达	套	4500	15
10	2012-1-4	合肥商贸	捷达亚麻脚垫	捷达	套	2800	31
11	2012-1-5	南京慧通	宝来亚麻脚垫	宝来	套	800	31
12	2012-1-6	南京慧通	捷达挡泥板	捷达	套	5000	15
13	2012-1-6	个人	索尼喇叭6937	索尼	对	800	480
14	2012-1-7	南京慧通	宝来亚麻脚垫	宝来	套	600	31
15	2012-1-7	南京慧通	索尼喇叭S-60	索尼	对	650	380
16	2012-1-8	杭州千叶	兰宝6寸套装喇叭	兰宝	对	820	485
17	2012-1-9	合肥商贸	捷达亚麻脚垫	捷达	套	7800	31
18	2012-1-9	个人	灿晶800伸缩彩显	灿晶	台	200	930
19	2012-1-9	南京慧通	索尼喇叭S-60	索尼	对	1200	380
20	2012-1-10	上海迅达	索尼400内置VCD	索尼	台	200	1210

图3-22

“货品名称”和“销售员”完全靠手工输入实在麻烦，这里就可以通过设置下拉列表来选择，方便又快速。

小强，你知道通过什么来设置下拉列表吗？

小强摇摇头：这个我哪里知道啊？

王哥：你应该知道“数据有效性”的概念。设置数据有效性，可以建立一定的规则来限制向单元格中输入的内容，也可以有效地防止输错数据。

例如在这里就可以使用“数据有效性”来设置下拉列表。

Step 01 选中“货品名称”列单元格区域，单击“数据”标签，在“数据工具”选项组中单击“数据有效性”按钮，在下拉列表中选择“数据有效性”命令，如图3-23所示。

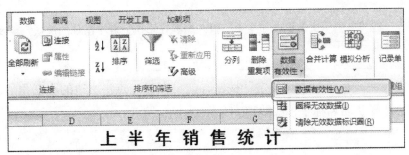

图3-23

Step 02 打开 "数据有效性" 对话框，在"数据有效性"对话框中单击"设置"选项卡，接着单击"允许"下拉列表框，在弹出的列表中选择"序列"，如图3-24所示。

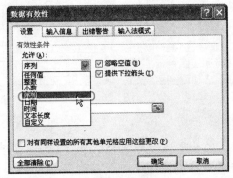

图3-24

Step 03 单击"来源"文本框右侧的 按钮，返回到"产品列表"工作表中选中数据来源，如B3：B20单元格区域。再次单击 按钮，返回到"数据有效性"对话框，如图3-25所示。

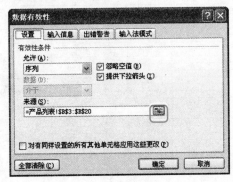

图3-25

提示 在"来源"文本框中如果手工输入想要在下拉列表中出现的选项，需要用逗号隔开。

设置完成后，单击"确定"按钮，就可以通过点击右边的小三角展开下拉列表选择货品名称了，如图3-26所示。

销售日期	客户	货品名称	规格	单位	销售量	销售单价
2012-1-1	南京慧通	宝来扶手箱	宝来	个	1000	110
2012-1-1	上海迅达		捷达		1630	45
2012-1-2	个人		捷达	个	800	45
2012-1-2	南京慧通		宝来	套	200	550
2012-1-3	无锡联发		捷达	卷	450	55
2012-1-3	上海迅达		捷达	套	4500	15
2012-1-4	合肥商贸		捷达	套	2800	31
2012-1-5	南京慧通	宝来亚麻脚垫	宝来	套	800	31
2012-1-6	南京慧通	捷达挡泥板	捷达	套	5000	15
2012-1-6	个人	索尼喇叭6937	索尼	对	800	480
2012-1-7	南京慧通	宝来亚麻脚垫	宝来	套	800	31
2012-1-7	南京慧通	索尼喇叭S-60	索尼	对	650	380
2012-1-8	杭州千叶	兰宝6寸套装喇叭	兰宝	对	820	485
2012-1-9	合肥商贸	捷达亚麻脚垫	捷达	套	7800	31
2012-1-9	个人	灿晶800伸缩彩显	灿晶	台	200	930
2012-1-9	南京慧通	索尼喇叭S-60	索尼	对	1200	380
2012-1-10	上海迅达	索尼400内置VCD	索尼	台	200	1210
2012-1-11	个人	灿晶遮阳极显示屏	灿晶	台	120	700

图3-26

小强：这样可以直接使用鼠标点击输入了。"销售员"列的数据输入也可以根据同样的方法来进行设置。

王哥：对！在此就不赘述了，如图3-27所示。

规格	单位	销售量	销售单价	销售金额	商业折扣	交易金额	销售员
宝来	个	1000	110	110000	38500	71500	刘慧
捷达	个	1630	45	73350	25672.5	47677.5	李晶晶
捷达	个	800	45	36000	12600	23400	刘慧
宝来	套	200	550	110000	38500	71500	陈纪平
捷达	卷	450	55	24750	8662.5	16087.5	马艳红
捷达	套	4500	15	67500	23625	43875	崔子健
捷达	套	2800	31	86800	30380	56420	李晶晶
宝来	套	800	31	24800	8680	16120	方龙
捷达	套	5000	15	75000	26250	48750	崔子健
索尼	对	800	480	384000	134400	249600	张军
宝来	套	600	31	18600	6510	12090	
索尼	对	650	380	247000	86450	160550	
兰宝	对	820	485	397700	139195	258505	
捷达	套	7800	31	241800	84630	157170	
灿晶	台	200	930	186000	65100	120900	
索尼	对	1200	380	456000	159600	296400	林乔扬
索尼	台	200	1210	242000	84700	157300	李晶晶
灿晶	台	120	700	84000	29400	54600	张军
索尼	台	200	1210	242000	84700	157300	李晶晶
索尼	台	160	650	104000	36400	67600	刘慧
捷达	套	1800	31	55800	19530	36270	李晶晶
阿尔派	套	40	2340	93600	32760	60840	林乔扬

图3-27

第4章
千里之行始于足下
——零乱数据的删减、合并与整理

这天刚上班，小强就忙着整理杂乱无章的数据，可花了大半天功夫都没弄出结果……

小强心里想，要不要再去请教一下王哥，这么多的数据要整理实在是让人头疼。可是总是麻烦人家实在是不好意思。毕竟才来公司没多久，和人家也没什么交情。可是这么多数据已经让我眼花缭乱了，怎么能弄得好啊？

小强正在百般纠结，这时候王哥走了过来。

4.1 合并、居中单元格数据

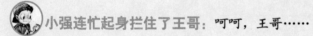

小强连忙起身拦住了王哥：呵呵，王哥……

王哥：又怎么了？

小强：王哥，有事想请教你呢。

王哥笑着说：说吧。

小强着急地说道：王哥你快帮我看看吧，这些数据已经让我头晕目眩了。

王哥扫了一眼：哎，搞到现在数据都还一点没整理啊，这表格乱的，如图4-1所示。

小强：是啊，所以我才找你帮忙啊！

王哥：小强啊，你自己也得揣摩揣摩吧。你看，这个表格的标题格式说得过去么？再说了，这个可是简单得不能再简单的东西了。直接用Excel的合并居中功能不就行了啊！

千里之行始于足下——零乱数据的删减、合并与整理 |◄◄

	A	B	C	D	E	F
1	销售产品列表					
2	序号	产品	规格	单位	单价	
3	1	宝来扶手箱	宝来	个	110	
4	2	宝来挡泥板	宝来	件	56	
5	3	宝来亚麻脚垫	宝来	套	31	
6	4	宝来嘉丽布座套	宝来	套	550	
7	5	捷达地板	捷达	卷	55	
8	6	捷达扶手箱	捷达	个	45	
9	7	捷达挡泥板	捷达	套	15	
10	8	捷达亚麻脚垫	捷达	套	31	
11	9	兰宝6寸套装喇叭	兰宝	对	485	
12	10	索尼喇叭6937	索尼	对	480	
13	11	索尼喇叭S-60	索尼	对	380	
14	12	索尼400内置VCD	索尼	台	1210	
15	13	索尼2500MP3	索尼	台	650	
16	14	阿尔派758内置VCD	阿尔派	套	2340	
17	15	阿尔派6900MP4	阿尔派	台	1280	
18	16	灿晶800伸缩彩显	灿晶	台	930	
19	17	灿晶870伸缩彩显	灿晶	台	930	
20	18	灿晶遮阳板显示屏	灿晶	台	700	

图4-1

选中A1：E1单元格区域，单击"开始"选项卡，在"对齐方式"选项组中单击"合并后居中"按钮，即可合并单元格，如图4-2所示。

图4-2

王哥：那在Excel 2010中，单元格的对齐方式有哪些你知道么？

小强：单元格的对齐方式包括左对齐、居中、右对齐、顶端对齐、垂直居中、底端对齐等多种方式。

55

王哥：在Excel 2010中，单元格的对齐方式包括左对齐、居中、右对齐、顶端对齐、垂直居中、底端对齐等多种方式，用户可以在"开始"功能区选择，如图4-3所示。

图4-3

当然，也可以在"设置单元格格式"对话框中进行设置，如图4-4所示。

图4-4

接下来需要调整表格中的对齐方式。

4.2 自定义数据格式

小强：王哥，我想把产品列表中的"单价"设置为数字，保留两位小数。如何设置才能实现如图4-5所示的效果呢？

图4-5

王哥：这个还不简单！

Step 01 选中要设置格式的单元格区域，例如E3：E20单元格区域，单击"开始"选项卡，在"数字"选项组中单击 ⊡ 按钮，如图4-6所示。

图4-6

Step 02 打开"设置单元格格式"对话框，切换到"数字"标签，在"分类"列表框中选中"数值"项，如图4-7所示。

Step 03 进入"数值"设置界面，根据需要选择两位小数。如果要"使用千位分隔符"，则选中"使用千位分隔符"复选框，并在"复数"列表框中选择负数的表现形式，如图4-8所示。

图4-7

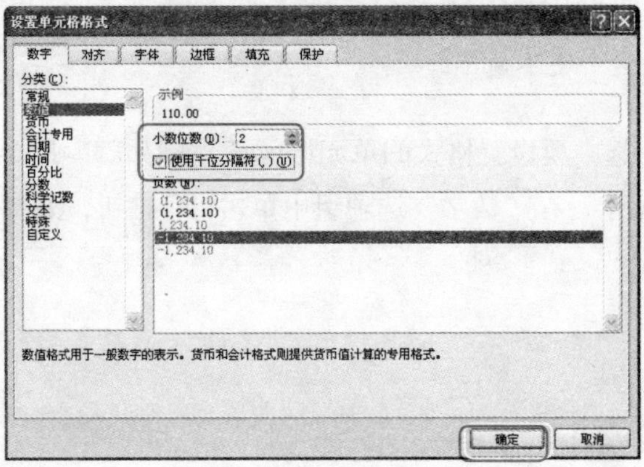

图4-8

Step 04 单击"确定"按钮，即可完成数值格式的设置操作，如图4-9所示。

	A	B	C	D	E
1		销售产品列表			
2	序号	产品	规格	单位	单价
3	1	宝来扶手箱	宝来	个	110.00
4	2	宝来挡泥板	宝来	件	56.00
5	3	宝来亚麻脚垫	宝来	套	31.00
6	4	宝来嘉丽布座套	宝来	套	550.00
7	5	捷达地板	捷达	卷	55.00
8	6	捷达扶手箱	捷达	个	45.00
9	7	捷达挡泥板	捷达	套	15.00
10	8	捷达亚麻脚垫	捷达	套	31.00
11	9	兰宝6寸套装喇叭	兰宝	对	485.00
12	10	索尼喇叭6937	索尼	对	480.00
13	11	索尼喇叭S-60	索尼	对	380.00
14	12	索尼400内置VCD	索尼	台	1210.00
15	13	索尼2500MP3	索尼	台	650.00
16	14	阿尔派758内置VCD	阿尔派	套	2340.00
17	15	阿尔派6900MP4	阿尔派	台	1280.00
18	16	灿晶800内缩彩显	灿晶	台	930.00
19	17	灿晶870伸缩彩显	灿晶	台	930.00
20	18	灿晶遮阳板显示屏	灿晶	台	700.00

图4-9

小强：Excel内置的数据格式不算少嘛！

王哥：即使是这样，它仍然很难满足用户千变万化的要求。所以，它还提供了一种自定义格式。这里也向你简单加以介绍。

选中要设置自定义格式的单元格或区域，选中"分类"下的"自定义"，即可在下面的列表框内选择现有的数据格式，或者在"类型"框中输入要定义的一个数据格式（原有的自定义格式不会丢失）。在后一种情况下，只要自行定义的数据格式被使用，就会自动进入列表框像内置格式那样调用，如图4-10所示。

图4-10

格式表达式的自定义格式很像一种数学公式，它提供了四种基本的格式代码。这些格式代码（称为"节"）是以分号来分隔的，它们定义了格式中的正数、负数、零和文本。

其中正数的格式代码为"#,##0.00"中，"#"表示只显示有意义的零（其他数字原样显示），逗号为千分位分隔符，"0"表示按照输入结果显示零，其中"0.00"小数点后的零的个数表示小数位数；

负数的格式代码为"[Red]-#,##0.00"。其中"-"表示负数，可选项[Red]定义负数的颜色，可以输入"黑色"、"蓝色"、"青色"、"绿色"、"洋红"、"红色"、"白色"或"黄色"，其他字符的意义和正数相同。

零的格式代码为"0.00",其中小数点后面的"0"的个数表示小数位数;文本的格式代码为"TEXT""@"(或"@""TEXT"),TEXT为文本字符串,@的位置决定TEXT在前面还是后面显示。

提示 四种格式代码联合使用时,代码应按正数、负数、零和文本的顺序排列。

4.3 轻松删除重复数据

小强:王哥,你再帮我看看可能还有其他问题。

王哥看了一眼摇摇头:你看啊,这产品列表中的"产品"这一列,有好多重复的数据,如图4-11所示。

序号	产品	规格	单位	单价
		销售产品列表		
1	宝来扶手箱	宝来	个	110
2	宝来挡泥板	宝来	件	56
3	宝来亚麻脚垫	宝来	套	31
4	宝来嘉丽布座套	宝来	套	550
5	捷达地板	捷达	卷	55
6	捷达扶手箱	捷达	个	45
7	宝来亚麻脚垫	宝来	套	31
8	捷达亚麻脚垫	捷达	套	31
9	捷达扶手箱	捷达	个	45
10	捷达挡泥板	捷达	套	15
11	宝来亚麻脚垫	宝来	套	31
12	捷达亚麻脚垫	捷达	套	31
13	兰宝6寸套装喇叭	兰宝	对	485
14	索尼喇叭6937	索尼	对	480
15	索尼喇叭S-60	索尼	对	380
16	索尼400内置VCD	索尼	台	1210
17	阿尔派6900MP4	阿尔派	台	1280
18	捷达扶手箱	捷达	个	45

图4-11

小强：是啊，数据太多了，而且这些产品好多都很相似，一不小心就弄重复了。

1. 条件格式标识重复项

王哥：我们也可以从源头抓起。

小强想了想说：是不是在进行数据录入的时候就设定好把重复的数据清除？

王哥：不错。

Step 01 单击"开始"选项卡，在"样式"选项组中单击"条件格式"命令，单击打开，在"突出显示单元格规则"子菜单中选择"重复值（D）"命令进行设置，如图4-12所示。

图4-12

Step 02 在弹开的命令对话框中就可以进行相应的设定了，注意这个命令只是说发现并指出重复数据，而不是清除，如图4-13所示。

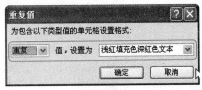

图4-13

2. 通过菜单操作删除重复项

王哥：Excel表格上面有一个自动删除重复的命令按钮，你会用吗？

小强摇摇头：我还真不清楚。

王哥：就知道你也不会。其实这个最简单，用起来也很方便。

选定要删除重复数据的单元格区域，在"数据"任务栏中，"数据工具"选项里面的"删除重复项"按钮，如图4-14所示。

图4-14

单击即可清除选定内容的重复项，如图4-15所示。

序号	产品	规格	单位	单价
		销售产品列表		
1	宝来扶手箱	宝来	个	110
2	宝来挡泥板	宝来	件	56
3	宝来亚麻脚垫	宝来	套	31
4	宝来嘉丽布座套	宝来	套	550
5	捷达地板	捷达	卷	55
6	捷达扶手箱	捷达	个	45
7	捷达挡泥板	捷达	套	15
8	捷达亚麻脚垫	捷达	套	31
9	兰宝6寸套装喇叭	兰宝	对	485
10	索尼喇叭6937	索尼	对	480
11	索尼喇叭S-60	索尼	对	380
12	索尼400内置VCD	索尼	台	1210
13	索尼2500MP3	索尼	台	650
14	阿尔派758内置VCD	阿尔派	套	2340
15	阿尔派6900MP4	阿尔派	台	1280
16	灿晶800伸缩彩显	灿晶	台	930
17	灿晶870伸缩彩显	灿晶	台	930
18	灿晶遮阳板显示屏	灿晶	台	700

图4-15

提示　在Excel2003及以前版本中"删除重复项"没有作为一个单元格的功能命令出现。要想删除重复项，只能通过宏、条件格式、筛选来实现。

小强：这样是省事多了，要不然既伤神，又费时。

3. 通过筛选删除重复项

王哥：其实还有一种方法。可以利用高级筛选命令来删除。

Step 01 选定要删除重复数据的单元格区域，选择"数据"选项卡，在"排序和筛选"选项组中单击"高级"命令，如图4-16所示。

图4-16

Step 02 弹出"高级筛选"对话框，在高级筛选对话框中选择"选择不重复的记录"复选框，然后设定列表范围，点击"确定"按钮就可去除重复数据，如图4-17所示。

图4-17

4.4 方便查看报表数据

小强：王哥，在查看数据的时候常常还会遇到数据在表格中无法完整表现的情况，如图4-18所示。

	A	B	C	D	E	F	G	H
				上 半 年 销 售 统 计				
1								
2	销售单位：上海市中能科技有限公司				统计时间：2012年7月			
3	销售日期	客户	货品名称	规格	单位	销售量	销售单价	销售金额	商
4	2012-1-1	南京慧通	宝来扶手箱	宝来	个	1000	110	110000	
5	2012-1-1	上海迅达	捷达扶手箱	捷达	个	1630	45	73350	25
6	2012-1-2	个人	捷达扶手箱	捷达	个	800	45	36000	1
7	2012-1-2	南京慧通	宝来嘉丽布座套	宝来	套	200	550	110000	1
8	2012-1-3	无锡联发	捷达挡板	捷达	卷	450	55	24750	8
9	2012-1-3	上海迅达	捷达挡泥板	捷达	套	4500	15	67500	2
10	2012-1-4	合肥商贸	捷达亚麻脚垫	捷达	套	2800	31	86800	3
11	2012-1-5	南京慧通	宝来亚麻脚垫	宝来	套	800	31	24800	
12	2012-1-6	南京慧通	捷达挡泥板	捷达	套	5000	15	75000	2
13	2012-1-6	个人	索尼凯DA6937	索尼	对	800	480	384000	1
14	2012-1-7	南京慧通	宝来亚麻脚垫	宝来	套	600	31	18600	
15	2012-1-7	南京慧通	索尼凯9AS-60	索尼	对	650	380	247000	
16	2012-1-8	杭州千叶	兰宝6寸套装喇叭	兰宝	对	820	485	397700	10
17	2012-1-9	合肥商贸	捷达亚麻脚垫	捷达	套	7800	31	241800	6
18	2012-1-9	个人	灿晶800伸缩彩显	灿晶	台	200	930	186000	6
19	2012-1-9	南京慧通	索尼凯9AS-60	索尼	对	1200	380	456000	1
20	2012-1-10	上海迅达	索尼400内置VCD	索尼	台	200	1210	242000	8
21	2012-1-11	个人	灿晶遮阳板显示屏	灿晶	台	120	700	84000	2
22	2012-1-12	上海迅达	索尼400内置VCD	索尼	台	200	1210	242000	8
23	2012-1-12	南京慧通	索尼2500MP3	索尼	台	160	650	104000	3
24	2012-1-13	合肥商贸	捷达亚麻脚垫	捷达	套	1800	31	55800	1
25	2012-1-13	无锡联发	阿尔派758内置VCD	阿尔派	套	40	2340	93600	2

图4-18

王哥笑着说：是不是拉长单元格的长度话，又会使表格变得冗长繁杂？

小强：是啊！还有在处理数据时，需要同时查看好几个工作表，有没有什么妙招啊？

王哥：当然都有方法加以解决。先解决第一个问题吧。

1. "拆分"工作表

在Excel中，可以根据需要将窗口水平"拆分"成左右两个窗格，或垂直"拆分"成上下两个窗格，或同时在水平和垂直两个方向上将窗口"拆分"

成四个窗格。

水平"拆分"操作方法：在欲拆分位置选定列，单击"视图"选项卡，在"窗口"选项组中单击"拆分"命令，如图4-19所示。

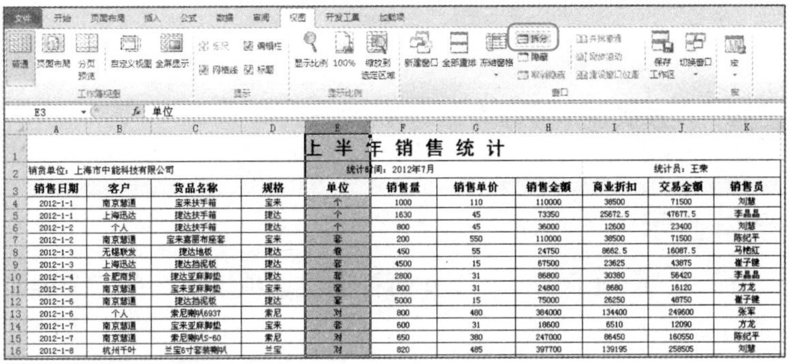

图4-19

即可将窗口拆分为左右两个窗格，如图4-20所示。

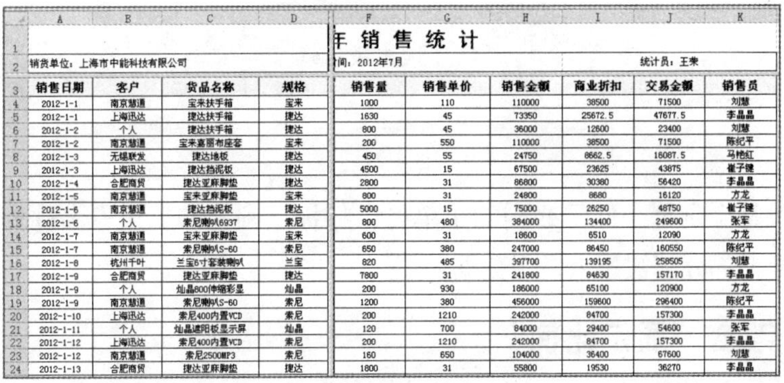

图4-20

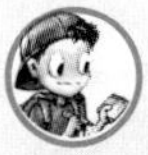

小强：这样查看数据就方便多了。那垂直"拆分"和双向"拆分"呢？

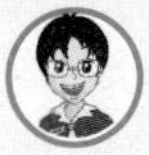

王哥：垂直"拆分"操作方法：在欲拆分位置选定行，选择"窗口/拆分"命令。

双向"拆分"操作方法：在欲拆分位置选定单元格，选择"窗口/拆分"命令。

提示 在拖动被拆分后的窗户，可以看到每个窗口都包含了整张工作表的内容，因此要进行数据比较时，可分别将每个窗口定位到要比较的位置上，从而方便了数据的查看。

王哥：现在我简单和你介绍其他方法吧。

2. 全屏显示

单击"视图"选项卡，在"工作簿视图"选项组中选择"全屏显示"命令，如图4-21所示。

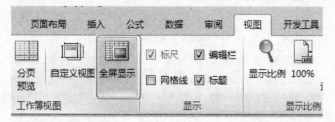

图4-21

这时整个屏幕上除了必需的菜单栏、行标、列标和工作表名称外，屏幕的其他绝大部分都被用来显示数据。

3. 改变"显示比例"

单击"视图"选项卡，在"显示比例"选项组中单击"显示比例"命令，如图4-22所示。

图4-22

打开"显示比例"对话框，在对话框中提供了对显示比例的多种选择，其中"恰好容纳选定区域"可以对数据细节显示效果进行折中，保证了数据显示的完整性，如图4-23所示。

图4-23

4. 冻结窗格

冻结窗格同"拆分"工作表类似，也可以在水平方向、垂直方向或双向同时进行冻结。

方法与"拆分"类似，这里不再赘述。

"冻结窗格"后，冻结的位置将不再参与滚动，在发生滚动时，为工作表中的其他数据提供参照，从而保证了数据查看时的完整性，如图4-24所示。

	A	B	C	D	E	F	G	H
1				上 半 年 销 售 统 计				
2	销货单位：上海市中能科技有限公司				统计时间：2012年7月			
3	销售日期	客户	货品名称	规格	单位	销售量	销售单价	销售金额
14	2012-1-7	南京慧通	宝来亚麻脚垫	宝来	套	600	31	18600
15	2012-1-7	南京慧通	索尼喇叭S-60	索尼	对	650	380	247000
16	2012-1-8	杭州千叶	兰宝6寸套装喇叭	兰宝	对	820	485	397700
17	2012-1-9	合肥商贸	捷达亚麻脚垫	捷达	套	7800	31	241800
18	2012-1-9	个人	灿晶800I伸缩彩显	灿晶	台	200	930	186000
19	2012-1-9	南京慧通	索尼喇叭S-60	索尼	对	1200	380	456000
20	2012-1-10	上海迅达	索尼400内置VCD	索尼	台	200	1210	242000
21	2012-1-11	个人	灿晶遮阳板显示屏	灿晶	台	120	700	84000
22	2012-1-12	上海迅达	索尼400内置VCD	索尼	台	200	1210	242000
23	2012-1-12	南京慧通	索尼2500MP3	索尼	台	160	650	104000
24	2012-1-13	合肥商贸	捷达亚麻脚垫	捷达	套	1800	31	55800
25	2012-1-13	无锡联发	阿尔派758内置VCD	阿尔派	套	40	2340	93600
26	2012-1-14	南京慧通	索尼2500MP3	索尼	台	280	650	182000
27	2012-1-14	个人	宝来亚麻脚垫	宝来	套	1200	31	37200
28	2012-1-15	南京慧通	索尼喇叭S-60	索尼	对	580	380	220400
29	2012-1-15	个人	宝来挡泥板	宝来	件	4500	56	252000
30	2012-1-16	无锡联发	阿尔派758内置VCD	阿尔派	套	50	2340	117000
31	2012-1-16	杭州千叶	宝来挡泥板	宝来	件	4800	56	268800
32	2012-1-17	无锡联发	阿尔派758内置VCD	阿尔派	套	110	2340	257400
33	2012-1-17	上海迅达	阿尔派6900MP4	阿尔派	台	160	1280	204800
34	2012-1-18	杭州千叶	宝来挡泥板	宝来	件	510	56	28560
35	2012-1-19	无锡联发	阿尔派758内置VCD	阿尔派	套	45	2340	105300

图4-24

4.5　在报表中如何校对销售单价

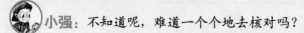

王哥：如果说数据你整理好了之后，为了确保其正确性，小强你准备怎么去做校验呢？

小强：不知道呢，难道一个个地去核对吗？

王哥：在数据的核对方面，我极力推荐你使用公式审核法。

很多时候我们录入的数据是要符合一定条件的。在输入销售单价的时候，公司产品的价位都是在15～2340之间的某个数值。

但是，在录入时由于错误按键或重复按键等原因，我们可能会录入超出此范围的数据。那么，对于这样的无效数据，如何快速将它们"揪"出并予以更正呢？

小强着急起来：王哥你就不要和我拐弯抹角呢，直接和我说吧！

王哥笑着说：这个时候可以让我们用公式审核法来解决这类问题。

Step 01　选中需要设置的单元格或单元格区域，单击"数据"标签，在"数据工具"选项组中单击"数据有效性"按钮，在下拉列表中选择"数据有效性"命令，如图4-25所示。

Step 02　打开的"数据有效性"对话框，在"数据有效性"对话框中单击"设置"选项卡，接着单击"允许"下拉列表框，在弹出的列表中选择"小数"，单击"数据"下列表框，在弹出的列表中选择"介于"，在"最小值"文本框中输入数字15，在"最大值"文本框中输入数字"2340"，单击"确定"按钮即可完成设置，如图4-26所示。

图4-25

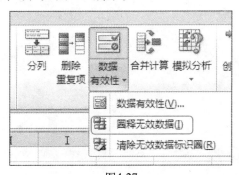

图4-26

接着，执行"数据—数据有效性—圈释无效数据"命令，直接单击"圈释无效数据"按钮即可，如图4-27所示。

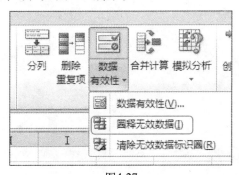

图4-27

此时，我们就可看到表中的所有无效数据立刻被红圈给圈识出来了，如图4-28所示。

规格	单位	销售量	销售单价	销售金额	商业折扣	交易金额
			上 半 年 销 售 统 计			
		统计时间：2012年7月				统计员：王荣
宝来	个	1000	110	110000	38500	71500
捷达	个	1630	45	73350	25672.5	47677.5
捷达	个	800	45	36000	12600	23400
宝来	套	200	550	110000	38500	71500
捷达	卷	450	55	24750	8662.5	16087.5
捷达	套	4500	15	67500	23625	43875
捷达	套	2800	31	86800	30380	56420
宝来	套	800	31	24800	8680	16120
捷达	套	5000	15	75000	26250	48750
索尼	对	800	4800	3840000	1344000	2496000
宝来	套	600	31	18600	6510	12090
索尼	对	650	380	247000	86450	160550
兰宝	对	820	2800	2296000	803600	1492400
捷达	套	7800	31	241800	84630	157170
灿晶	台	200	930	186000	65100	120900
索尼	对	1200	380	456000	159600	296400
索尼	台	200	3580	716000	250600	465400
灿晶	台	120	700	84000	29400	54600
索尼	台	200	1210	242000	84700	157300
索尼	台	160	650	104000	36400	67600

图4-28

小强：这下子我又受益不少！可真得要好好感谢王哥。

王哥：那你就好好努力，制作一份满意的报表就是对我的报答了。快整理吧，待会儿有问题再过来找我。

第5章
报表数据设置与条件限制

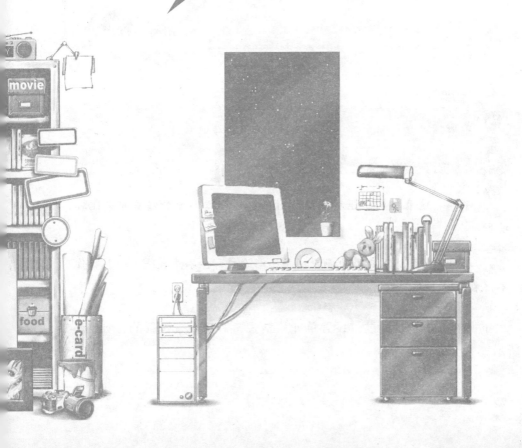

小王听完王哥刚对他说的话，将报表整理了一遍又一遍，心想让王哥再给他指点指点。

明天就是周末了，这样可以在周末抓紧努力一把，将"营销报表"的雏形设计出来。希望能够趁王哥下班之前拿过去给王哥看看。

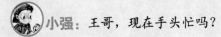

小强：王哥，现在手头忙吗？

王哥笑着说：明天周末了，今下午也没什么事情了。

小强：那还请王哥帮我再指点指点。

王哥：拿过来吧！

5.1 快速设置单元格样式

王哥翻了翻，对小王说：还不错，有点进步啊！

小强听完笑道：那还是您教得好啊！

王哥：这表格的边框和底纹设计的也还可以，使数据看起来比较清晰。

小强：呵呵……也是刚刚查阅了一些资料，要不然我这水平也制作不出来哦。

下面的表格就是通过"设置单元格格式"对话框来设置的，如图5-1所示。

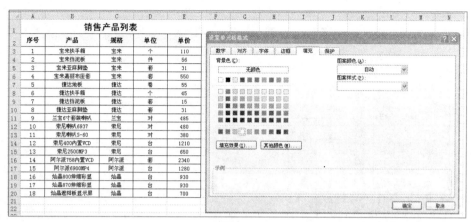

图5-1

王哥：单元格的字体、数字、对齐方式、边框和底纹都可以通过"设置单元格格式"对话框来设置，如图5-2所示。

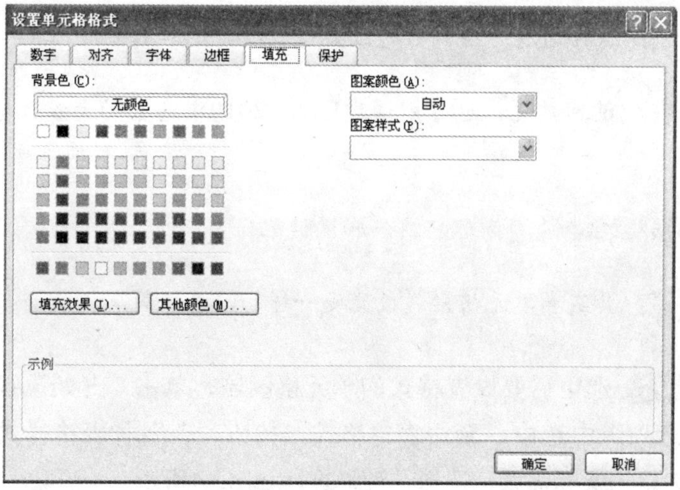

图5-2

其实设置单元格格式可以使用Excel 2010自带的单元格来快速设置。

选中需要设置格式的单元格区域，单击"开始"选项卡，在"样式"选项组中选中"单元格样式"按钮，在各种表格样式下拉列表中，根据表格的实际需要，选择一种样式，即可应用到选定的单元格中，如图5-3所示。

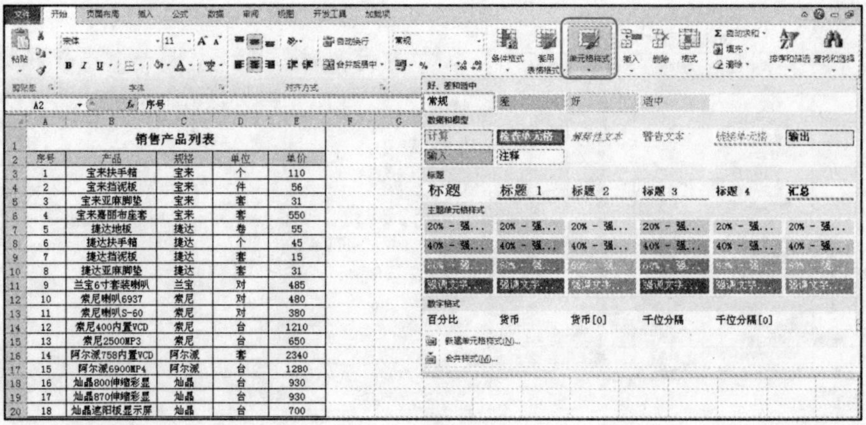

图5-3

提示　单击"开始"选项卡"编辑"组中的"清除"按钮，选择"清除格式"命令，可以删除所应用的格式。

小强：这样通过一些简单的设置就可以美化单元格。

王哥：说到美化，也可以通过Excel 2010中内置的大量表格样式来美化表格。

小强急切地说道：那您快和我说说吧！

王哥：其实和单元格样式设置是一样的，也很简单。

Step 01　选中需要设置格式的单元格区域，单击"开始"选项卡，在"样式"选项组中选中"套用表格格式"按钮，在各种表格样式下拉列表中，根据表格的实际需要，选择一种样式，如图5-4所示。

Step 02　弹出"套用表格式"列表框，在"套用表格式"对话框"表数据的来源"文本框中会显示选择的数据区域。

若想要更改选择的数据区域，可单击文本框右侧的 按钮，在工作表中重新选择数据区域，再取消选中的"表包含标题"复选框，单击"确定"按钮即可，如图5-5所示。

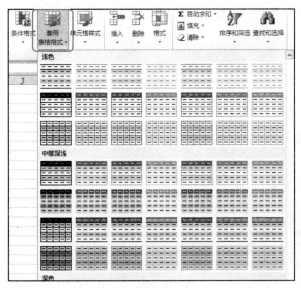

图5-4

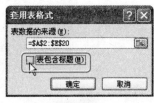

图5-5

5.2 自定义单元格样式

王哥：如果在Excel 2010工作簿中经常需要对某些单元格或区域设置一些单元格格式，可以将这些单元格格式自定义为单元格样式。

小强：您不是和我介绍了，Excel 2010中内置大量表格样式了嘛！

王哥：是啊，可是自带的样式毕竟是有限的，在不能满足要求的情况下就需要重新设置。

小强：那该怎么设置啊？

王哥：很简单，下面就来和你介绍。

单击"开始"选项卡，在"样式"选项组中选中 "单元格样式"按钮。打开单元格样式列表，单击"新建单元格样式"命令，如图5-6所示。

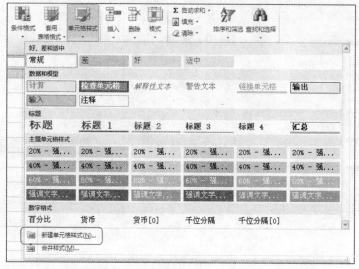

图5-6

弹出"样式"对话框。在"样式名"右侧的文本框中输入一个样式名称，如"宋体9居中边框"。单击"格式"按钮，如图5-7所示。

打开"设置单元格格式"对话框。为工作表设置所需的单元格格式，如字体为宋体9号、垂直居中、水平居中、加上边框，如图5-8所示。

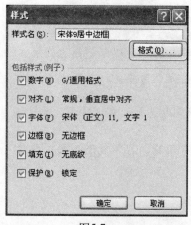

图5-7

图5-8

单击 "确定"按钮，回到单元格样式列表。自定义样式将出现在单元格样式列表的顶部。以后要应用这种单元格样式时，只需选择需要设置的单元格或区域，然后单击该样式名称即可，如图5-9所示。

条件格式　套用　单元格样式　插入　删除　格式　Σ 自动求和 ▾　排序和筛选　查找和选择
　　　　　表格格式 ▾

自定义

字体为宋体9...

好、差和适中

| 常规 | 差 | 好 | 适中 |

数据和模型

| 计算 | 检查单元格 | 解释性文本 | 警告文本 | 链接单元格 |
| 输入 | 注释 | | | |

标题

| 标题 | 标题 1 | 标题 2 | 标题 3 | 标题 4 |

主题单元格样式

| 20% - 强... | 20% - 强... | 20% - 强... | 20% - 强... | 20% - 强... |
| 40% - 强... | 40% - 强... | 40% - 强... | 40% - 强... | 40% - 强... |

图5-9

5.3 设置输入信息并设置
出错警告

王哥：记得前面曾经和你说过，数据有效性还可以有效地防止输错数据。

小强：是的。

王哥：在对单元格进行了数据有效性设置后，在单元格中输入错误信息时，系统就会弹出错误提示，但是无论对单元格进行了何种数据有效性设置，在输入错误数据时弹出的错误提示信息都是一样的，没有给出明确的提示。

小强马上接道：那是不是通过设置可以给出明确的提示信息？

王哥：这就是我接下来要和你介绍的。

在输入货品名称时就可以设置提示信息。

Step 01 选中"货品名称"列单元格区域，单击"数据"标签，在"数据工具"选项组中单击"数据有效性"按钮，在下拉列表中选择"数据有效性"命令，如图5-10所示。

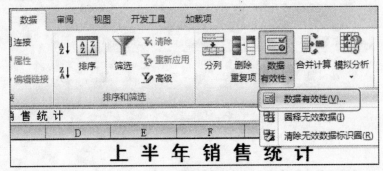

图5-10

Step 02 打开的"数据有效性"对话框，在"数据有效性"对话框中单击"出错警告"标签，在"数据有效性"对话框中选中"输入无效数据时显示警告"复选框，单击"样式"下拉列表框，在弹出的列表中选择一种样式，如"停止"，如图5-11所示。

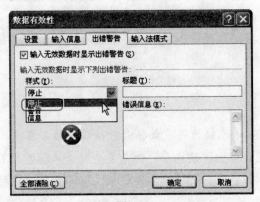

图5-11

Step 03 在"标题"文本框中输入提示信息的标题，在"错误信息"
文本框中输入错误提示信息："输入错误，请输入正确的货品名称"，如
图5-12所示。

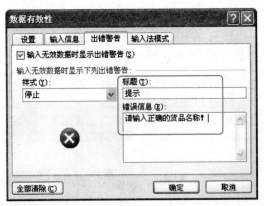

图5-12

王哥继续讲解道：还可以通过设置"数据有效性"对话框，使在单
元格中输入数据时，显示提示用户输入数据的信息。

切换到"输入信息"标签，在"标题"和"输入信息"文本框中输入信
息，如图5-13所示。

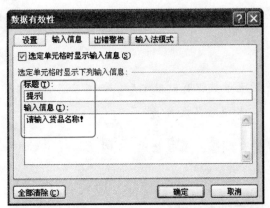

图5-13

单击"确定"按钮，回到工作表中在设置了数据有效性的任意一个单元
格中单击，即可在其旁边显示设置的提示信息，如图5-14所示。

C4		fx	宝来扶手箱				
	A	B	C	D	E	F	G
1					上 半 年 销 售 统 计		
2	销货单位: 上海市中能科技有限公司				统计时间: 2012年7月		
3	销售日期	客户	货品名称	规格	单位	销售量	销售单价
4	2012-1-1	南京慧通		宝来	个	1000	110
5	2012-1-1	上海迅达		捷达	个	1630	45
6	2012-1-2	个人	提示	捷达	个	800	45
7	2012-1-2	南京慧通	请输入货	宝来	套	200	550
8	2012-1-3	无锡联发	品名称!	捷达	卷	450	55
9	2012-1-3	上海迅达		捷达	套	4500	15
10	2012-1-4	合肥商贸		捷达	套	2800	31
11	2012-1-5	南京慧通		宝来	套	800	31
12	2012-1-6	南京慧通		捷达	套	5000	15
13	2012-1-6	个人		索尼	对	800	480
14	2012-1-7	南京慧通		宝来	套	600	31
15	2012-1-7	南京慧通		索尼	对	650	380
16	2012-1-8	杭州千叶		兰宝	对	820	485
17	2012-1-9	合肥商贸		捷达	套	7800	31
18	2012-1-9	个人		灿晶	台	200	930
19	2012-1-9	南京慧通		索尼	对	1200	380

图5-14

当在设置的单元格中输入错误数据时，就会弹出设置的提示信息，如图5-15所示。

图5-15

5.4 如何复制和取消数据有效性设置

王哥：在设置了数据有效性之后，如果只想将数据有效性设置复制到其他单元格，你知道怎么设置吗？

小强想了想，问道：直接使用"Ctrl+C"、"Ctrl+V"组合键可以来实现吗？

1. 复制数据有效性设置

王哥：确实是靠粘贴复制来实现的，不过这里还需要注意的细节。

首先选中包含数据有效性设置的单元格。按下"Ctrl+C"组合键，将其复制。在目标单元格中单击鼠标右键，在弹出的右键菜单中选择"选择性粘贴"命令，如图5-16所示。

打开"选择性粘贴对话框"，选中"有效性验证"单选项。单击"确定"按钮，即可完成设置，如图5-17所示。

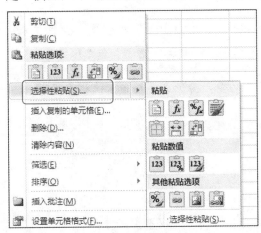

图5-16

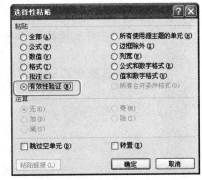

图5-17

2. 取消数据有效性设置

小强：那设置了数据有效性之后，如何取消设置呢？

王哥：在"数据有效性"对话框中单击"全部清除"按钮，接着单击"确定"按钮即可完成取消设置，如图5-18所示。

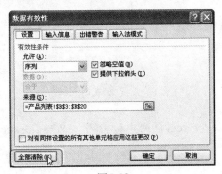

图5-18

5.5　使用快速方便的快捷键

王哥：刚刚你说使用"Ctrl+C"、"Ctrl+V"组合键，我想起来了。其实在Excel操作中，很多时候都可以用键盘快捷方式来进行操作。

小强：使用鼠标操作不一样操作嘛，为什么要用键盘快捷方式呢？

王哥：像我现在一般都尽量使用键盘按键，很少用鼠标的。

小强：为什么呀？

王哥：因为从键盘到鼠标切换起来不太方便啊，也比较浪费时间。进行大量操作时，用快捷键会节省很多时间，可以事半功倍。

小强：这倒是真的。

王哥：那你还知道哪些快快捷吗？

小强：这个就不太清楚。

王哥：下面我就给你归纳总结一些比较常用的快捷键，在以后的操作中，用起来也比较方便快捷，如图5-19所示。

这张表格中的按键都是最基础而且非常方便的快捷键，当然还有其他快捷键。

小强：那我想了解所有的快捷方式可以吗？

王哥：你可以在Excel帮助中搜索啊。其实在Excel 2010的功能区附带了新的快捷方式，称为按键提示。它也可以帮助你熟悉功能区，了解功能区的快捷键模型。

小强：那我该如何操作呢？

王哥：操作步骤很简单。

类别	快捷键	说明
工作簿操作	Ctrl+O	打开工作簿
	Ctrl+N	新建工作簿
	Ctrl+S	保存工作簿
	Ctrl+W	关闭工作簿
	Shift+F11	插入新工作表
单元格选定	Ctrl+A	全选
	Ctrl+Shift+*	选定当前单元格周围区域
单元格操作	Ctrl+C	复制
	Ctrl+X	剪切
	Ctrl+V	粘贴
	Ctrl+Y	重复上一步操作
	Ctrl+Z	撤销
单元格输入与编辑	Enter	下移一个单元格
	Tab	右移一个单元格
	Ctrl+F	查找

图5-19

Step 01 按Alt键，显示按键提示，如图5-20所示。Excel界面上的选项卡和按钮即可出现了带方框的按键提示。

图5-20

Step 02 在键盘上按下对应选项卡的按键，就能在功能区上打开该选项卡。例如，对于"公式"选项卡，按字母键"M"；对于"页面布局"选项卡，按"P"键。打开的选项卡将继续显示其包含的所有功能的按键提示。

83

例如，这里我们想实现"开始"选项卡下的"条件格式"功能，先按字母键"H"，将显示"开始"选项卡所有功能的快捷键，如图5-21所示。

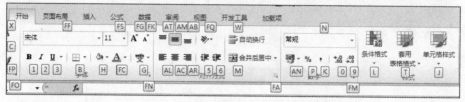

图5-21

按下对应的快捷键，我们就能实现对应的操作。

小强：太方便了，只要按Alt键，所有的快捷方式就一目了然了！

王哥：是不是感觉Excel功能强大啊？以后还有很多机会让你继续深入了解Excel的。

5.6　使用图标集显示销售量

看小强在认真听，王哥继续说：之前，我和你说过Excel 2010内设的条件格式功能吧！

小强：条件格式？

王哥：不会这么快就忘记了吧？前面才和你说过的呀！

小强想了想说道：在删除重复项的时候，可用它来标识重复项。那王哥，您的意思是？

王哥：既然Boss让你做报表，他不就是希望能够从你的报表中可以一目了然地看到他需要的数据信息嘛！

销售统计表中的数据量本来就很大，凭肉眼去查看数据的大小，不仅麻烦而且极易出现遗漏，这里就可以使用数据图表化。

小强：那是不是可以通过条件格式设置来表示和比较数值的大小啊？

王哥喝了口水，继续说道：在销售统计表中，得让复杂的数据看起来更直观，这才是他想要的嘛！

例如销售统计表中销售量就可以使用条件格式的图标集。

小强：为什么这里要使用图标集？

王哥：当数据越多时，使用图标集的效果就越明显。

下面来和你介绍使用图标集标注销售量单元格数据。

选中"销售量"列单元格区域，单击"开始"选项卡，在"样式"选项组中单击"条件格式"按钮。在弹出的下拉菜单中单击"图标集"子菜单，接着选择一种合适的样式，如图5-22所示。

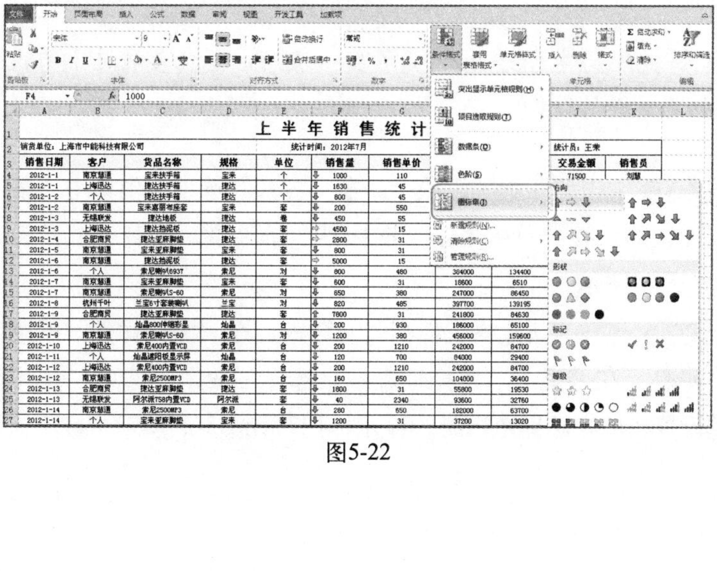

图5-22

提示

"三个符号"的图标集中，⬆表示较高值，➡表示中间值，⬇表示较小数值。

此时，Excel会根据自动判断规则为每个所选的单元格显示图标，如图5-23所示。

销售日期	客户	货品名称	规格	单位	销售量	销售单价	销售金额	商业折扣
2012-1-1	南京慧通	宝来扶手箱	宝来	个	1000	110	110000	38500
2012-1-1	上海迅达	捷达扶手箱	捷达	个	1630	45	73350	25672.5
2012-1-2	个人	捷达扶手箱	捷达	个	800	45	36000	12600
2012-1-2	南京慧通	宝来嘉丽布座套	宝来	套	200	550	110000	38500
2012-1-3	无锡联发	捷达地板	捷达	卷	450	55	24750	8662.5
2012-1-3	上海迅达	捷达挡泥板	捷达	套	4500	15	67500	23625
2012-1-4	合肥商贸	捷达亚麻脚垫	捷达	套	2800	31	86800	30380
2012-1-5	南京慧通	宝来亚麻脚垫	宝来	套	800	31	24800	8680
2012-1-6	南京慧通	捷达挡泥板	捷达	套	5000	15	75000	26250
2012-1-7	个人	索尼喇叭A6937	索尼	对	800	480	384000	134400
2012-1-7	南京慧通	宝来亚麻脚垫	宝来	套	600	31	18600	6510
2012-1-7	南京慧通	索尼喇叭S-60	索尼	对	650	380	247000	86450
2012-1-8	杭州千叶	兰宝6寸套装喇叭	兰宝	对	820	485	397700	139195
2012-1-8	合肥商贸	捷达亚麻脚垫	捷达	套	7600	31	241800	84630
2012-1-9	个人	灿晶800伸缩彩显	灿晶	台	200	930	186000	65100
2012-1-9	南京慧通	索尼喇叭S-60	索尼	对	1200	380	456000	159600
2012-1-10	上海迅达	索尼400内置VCD	索尼	台	200	1210	242000	84700
2012-1-11	个人	灿晶遮阳收显示屏	灿晶	台	120	700	84000	29400
2012-1-12	上海迅达	索尼400内置VCD	索尼	台	200	1210	242000	84700
2012-1-12	南京慧通	索尼2500MP3	索尼	台	160	650	104000	36400
2012-1-13	合肥商贸	捷达亚麻脚垫	捷达	套	1800	31	55800	19530
2012-1-13	无锡联发	阿尔派758内置VCD	阿尔派	套	40	2340	93600	32760
2012-1-14	南京慧通	索尼2500MP3	索尼	台	280	650	182000	63700

图5-23

直接单击所列出的某一种图标集，虽然可以轻松标记出不同范围的值，但有时不一定满足实际需要。

小强：那是不是还有什么方法啊？

王哥见小强主动提问，笑了笑：是啊，那就是通过手动设置规则标记出满足条件的数据。

Step 01 单击"开始"选项卡，在"样式"选项组中单击"条件格式"按钮。在弹出的下拉菜单中单击"图标集"子菜单，接着单击"其他规则"选项，如图5-24所示。

Step 02 打开"新建格式规则"对话框，在"图标样式"下拉列表中选择一种图标集，在"类型"下拉列表框中选择"数字"选项，在其左侧文本框中可以设置数值在不同范围时的显示标记，如图5-25所示。

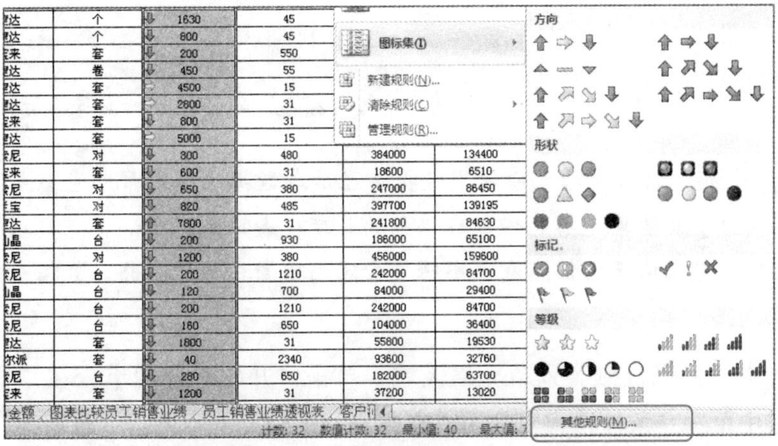

图5-24

图5-25

5.7 使用数据条显示销售金额

王哥：Excel 2010内设条件格式规则有5个方便、好用的功能。除了图标集，还有突出显示单元格、项目选取、数据条和迷你图，可以根据需

要来使用。

 小强连忙问：销售统计表中的销售金额也可以使用图标集来显示吧？

王哥：销售金额可以使用数据条显示。数据条可以帮助查看某个单元格相对于其他单元格的值。数据条的长度代表单元格中的值。数据条的长度代表单元格中的值。在观察销售金额的较高和较低金额，数据条尤其有用。

选中"销售金额"列单元格区域，单击"开始"选项卡，在"样式"选项组中单击"条件格式"按钮。在弹出的下拉菜单中单击"数据条"子菜单，接着选择一种合适的数据条样式，如图5-26所示。

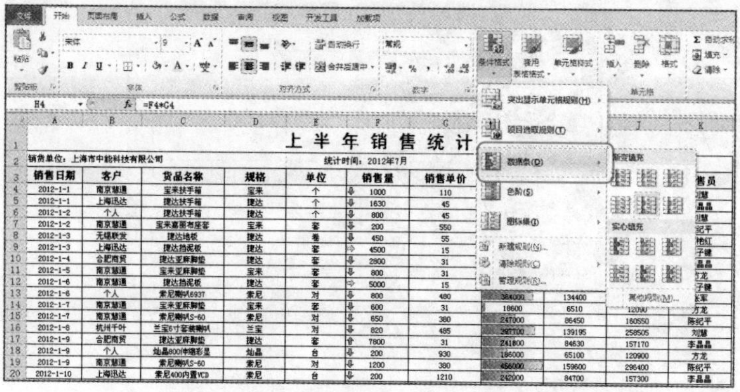

图5-26

> **提示** 数据条越长，表示值越高或越大，数据条越短，表示值越低或越小。

即可将销售统计表中最高销售金额与最低销售金额选取出来，如图5-27所示。

 小强笑着说：这样就可以突出显示需要表达的重点了。

王哥：如果对默认的数据条样式不满意，可以单击"数据条"子菜单下的"其他规则"命令，接着根据自己的需要定义数据条样式。前面介绍过，这里我也就不做介绍了。

	上 半 年 销 售 统 计									

图5-27

那如果这些格式不再需要了，你知道怎么删除吗？

小强：这个我知道，单击"开始"选项卡，在"样式"选项组中单击"条件格式"按钮。在弹出的下拉菜单中单击"清除规则"菜单，接着根据需要，选择删除选项，如图5-28所示。

图5-28

王哥忍不住夸奖：聪明，就是这样删除的。

小强眼看着下班时间到了，连忙说道：真是谢谢王哥了，耽误你这么久……

王哥：没事，我也就随便给你看看。那收拾下班吧！如果遇到什么问题，随时找我……

读书笔记

第6章
精打细算——数据统计与条件运算

在王哥悉心的指导下，小强已经掌握了数据报表的基本设计操作，并且已经将"营销报表"的雏形设计出来了。王哥也挺高兴，这小子还是挺有潜力的，希望能上点进帮我分担一些工作……

新一周的开始，大家都陆续来公司上班了。小强看到王哥走进了办公室，乐呵呵地来到王哥办公桌前。

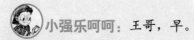**小强乐呵呵**：王哥，早。

王哥：早，怎么这两天没有休息好吗？眼睛都有点肿了。

小强说道：呵呵，没事。根据您上周的指导，周六、周日一直在完善这份报表。目前基本表格已经弄好了，不知道王哥上午有没有时间帮我看一下，有些地方的数据统计运算我还不会弄。

王哥面带微笑：原来是这样，呵呵。对工作的态度不错，值得表扬。刚上班有点事情要处理一下，这样吧，你先将报表发给我，等忙下来我再来帮你看一看。

小强：好的，谢谢王哥，那我先出去了。

6.1 让数据进行自动更新

小强一边继续完善报表，另一边在等待王哥的"召唤"，不知道王哥手中事情处理好了吗？是否在帮我看报表……

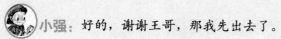**王哥**：小强，来我办公室一下。

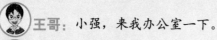**小强兴冲冲地**：好的。

王哥皱着眉头说：刚才我大致浏览了一下报表，还是发现有一些问题。有些数据不能像你这样来弄，你看看每笔产品销售记录中的"规格"、"单位"、"销售单价"数据为什么要手工输入？（如图6-1所示）那你创建产品列表有什么用？

图6-1

创建产品列表可不只是摆设，一是便于让其他表引用这些数据，让各表的数据进行自动更新，如图6-2所示；二是便于管理各类产品的相关信息。手工输入，不仅费时费力，而且不能让数据进行自动更新，马上得改一改。

图6-2

小强尴尬地说：王哥，那该怎么弄？

王哥惊讶地看着小强：你会使用VLOOKUP函数吗？

小强：不太会，以前虽然学过，也看过相关书和资料，可是很少用到函数，所以对于函数我并不是太了解。

王哥语重心长地说道：小强呀，用Excel一定要学会一些常用的函数，像VLOOKUP、SUM、SUMIF、IF……不论设计什么报表，都或多或少地要使用这些函数。

这会儿没什么事，我来给你普及一下Excel函数的基本知识。

小强高兴地说道：好的，谢谢王哥了。

王哥：既然学习了Excel，自然也要把函数学好，况且在工作中我们经常需要用到公式和函数。

公式就是指以"="号开始，通过使用运算符将数据函数等元素按一定顺序连接在一起，从而实现对工作表中的数值执行计算的等式。

简而言之，函数就是预先定义的公式。

使用函数不仅可以简化公式，而且具有仅用运算符连接的一般公式所不能代替的功能。例如查找引用、逻辑判断等。函数是由函数的名称、左括号、以半角逗号相隔的参数和右括号组成，有的函数也可以不使用参数。

在填写产品销售记录中的"规格"、"单位"、"销售单价"数据时，不是告诉你可以使用VLOOKUP函数吗，这里就正式加以介绍。

VLOOKUP函数在表格或数值数组的首行查找指定的数值，并由此返回表格或数组当前行中指定列处的值。参数说明见表6-1。

该函数的语法规则：VLOOKUP(lookup_value, table_array, col_index_num, [range_lookup])

表6-1　参数说明

参数	简单说明	输入数据类型
lookup_value	要查找的值	数值、引用或文本字符串
table_array	要查找的区域	数据表区域
col_index_num	返回数据在区域的列数	正整数
range_lookup	精确匹配	TRUE（或不填）/FALSE

公式的组成要素为等号"="、运算符和常量、单元格引用、函数、名称等。

例如这里以"销售单价"为例使用VLOOKUP函数设置公式来查找进行介绍公式。

选中G4单元格，输入公式：

```
=VLOOKUP(C4,产品列表!$B$2:$E$20,4,FALSE)
```

按回车键即可计算第一条销售记录的销售单价。

复制公式到该列其他单元格中，即可计算出每条销售记录的销售单价，如图6-3所示。

图6-3

计算销售单价公式：

"=VLOOKUP(C4,产品列表!$B$2:$E$20,4,FALSE)"，说明如下：

公式结构图

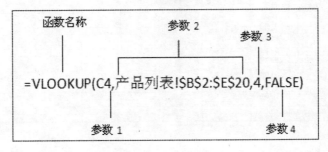

提示　该公式的含义为：① C4单元格表示查找的货品名称；②"产品列表!$B$2:$E$20"是①要查找的区域；③4表示返回在产品列表要查找区域的列数；④FALSE一个逻辑值，可选。

小强高兴地说：哈哈。VLOOKUP函数用起来还真是方便。

王哥：如果哪个产品单价错了，直接在产品列表中改动它就行了，销售统计表的数据都会跟着发生变化。如果像现在手工输入，数据一旦有所改动都需要进行手工重新输入。

小强：是啊，使用函数设置公式还可以使数据自动更新。

王哥：销售记录中的"规格"、"单位"也是通过VLOOKUP函数来实现的，根据上面的讲解应该会设置了吧。你来说说看掌握得怎么样。

小强连忙翻了翻笔记：好的，那我来说还麻烦王哥帮我再指点指点。

选中D4单元格，输入公式：

`=VLOOKUP(C4,产品列表!$B$2:$E$20,2,FALSE)`

按回车键即可返回第一条销售记录的产品规格。

复制公式到该列其他单元格中，即可返回其他每条销售记录的产品规格，如图6-4所示。

图6-4

选中E4单元格，输入公式：

`=VLOOKUP(C4,产品列表!$B$2:$E$20,3,FALSE)`

按回车键即可返回第一条销售记录的产品单位。

复制公式到该列其他单元格中，即可返回其他每条销售记录的产品单位，如图6-5所示。

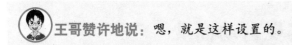

图6-5

王哥赞许地说：嗯，就是这样设置的。

在这里我再介绍个小知识。VLOOKUP函数还可以将两张表格合并为一张表格，下面举例说明。例如，如图6-6所示分别统计了学生的两项成绩，但是两张表格中统计顺序却不相同。

	A	B	C	D	E
1	姓名	语文		姓名	数学
2	葛丽	80		王磊	71
3	夏慧	75		夏慧	85
4	王磊	65		伍晨	75
5	伍晨	91		葛丽	68

图6-6

现在要将两张表格合并为一张表格，这时就可以利用VLOOKUP函数来实现了。

Step 01 直接复制第一张表格，然后建立"数学"成绩。选中I2单元格，在编辑栏中输入公式：

```
=VLOOKUP(G2,$D$2:$E$5,2,FALSE)
```

按回车键，即可根据G2单元格中的姓名返回其"数学"成绩。

Step 02 将光标移到I2单元格的右下角，光标变成十字形状后，按住鼠标左键向右拖动进行公式填充，即可得到其他学生的"数学"成绩，如图6-7所示。

	I2	▼		*fx*	=VLOOKUP(G2,$D$2:$E$5,2,FALSE)			
	A	B	C	D	E	F	G	H	I
1	姓名	语文		姓名	数学		姓名	语文	数学
2	葛丽	80		王磊	71		葛丽	80	68
3	夏慧	75		夏慧	85		夏慧	75	85
4	王磊	65		伍晨	75		王磊	65	71
5	伍晨	91		葛丽	68		伍晨	91	75

图6-7

 小强：我都记下了，一定要多多练习，温故而知新。

6.2 利用函数实现自动商业折扣计算

王哥：销售报表中的数据太繁琐了，有很多地方都是可以用函数来计算的，对于商业折扣千万不要手工计算，如图6-8所示。

小强：主要是不会使用函数，还请王哥多帮忙指教。

王哥：这个可以用IF函数来进行计算并判断，IF函数会用吗？

小强不好意思地说：这个我也不会。

王哥笑笑说道：不会没事，年轻人嘛，肯学就行。IF函数在工作中应用也很广泛。看起来我也得给你介绍一下IF函数的功能、语法和参数。

	I4		*fx*	38500							

上 半 年 销 售 统 计 〔手工计算〕

销货单位：上海市中能科技有限公司　　　　　统计时间：2012年7月

销售日期	客户	货品名称	规格	单位	销售量	销售单价	销售金额	商业折扣	交易金额	销售员
2012-1-1	南京联通	宝来扶手箱	宝来	个	1000	110	110000	38500	71500	刘慧
2012-1-1	上海迅达	捷达扶手箱	捷达	个	1630	45	73350	25672.5	47677.5	李晶晶
2012-1-2	个人	捷达扶手箱	捷达	个	800	45	36000	12600	23400	刘慧
2012-1-2	南京联通	宝来高丽布座垫	宝来	套	200	550	110000	38500	71500	陈纪平
2012-1-3	无锡联发	捷达地板	捷达	套	450	55	24750	8662.5	16087.5	马艳红
2012-1-3	上海迅达	捷达泥泥板	捷达	套	4500	15	67500	23625	43875	晏子健
2012-1-4	合肥商贸	捷达亚麻脚垫	宝来	套	2800	31	86800	30380	56420	李晶晶
2012-1-5	个人	宝来亚麻脚垫	宝来	套	800	31	24800	8680	16120	方龙
2012-1-6	南京联通	捷达热泥板	捷达	套	5000	15	75000	26250	48750	晏子健
2012-1-6	个人	索尼麻6937	索尼	对	800	480	384000	134400	249600	张军
2012-1-7	南京联通	宝来亚麻脚垫	宝来	套	600	31	18600	6510	12090	方龙
2012-1-7	南京联通	索尼麻S-60	索尼	对	650	380	247000	86450	160550	陈纪平
2012-1-8	杭州千叶	兰宝3寸套装喇叭	兰宝	对	820	485	397700	139195	258505	刘慧
2012-1-9	合肥商贸	捷达亚麻脚垫	捷达	套	7800	31	241800	84630	157170	李晶晶
2012-1-9	个人	灿晶400/缠绕彩显	灿晶	台	200	930	186000	65100	120900	方龙
2012-1-9	南京联通	索尼麻S-60	索尼	对	1200	380	456000	159600	296400	陈纪平
2012-1-10	上海迅达	索尼400内置VCD	索尼	台	200	1210	242000	84700	157300	李晶晶
2012-1-11	个人	灿晶阳极显示屏	灿晶	台	120	700	84000	29400	54600	张军
2012-1-12	上海迅达	索尼400内置VCD	索尼	台	200	1210	242000	84700	157300	李晶晶
2012-1-12	南京联通	索尼2500MP3	索尼	台	160	650	104000	36400	67600	刘慧
2012-1-13	合肥商贸	捷达亚麻脚垫	捷达	套	1800	31	55800	19530	36270	刘慧
2012-1-13	无锡联发	阿尔派758内置VCD	阿尔派	套	40	2340	93600	32760	60840	林乔杨
2012-1-14	个人	索尼2500MP3	索尼	台	280	650	182000	63700	118300	刘慧
2012-1-14	个人	宝来亚麻脚垫	宝来	套	1200	31	37200	13020	24180	马艳红
2012-1-15	南京联通	索尼麻S-60	宝来	对	580	380	220400	77140	143260	陈纪平
2012-1-15	个人	捷达热泥板	宝来	件	4500	56	252000	88200	163800	林乔杨
2012-1-16	无锡联发	阿尔派758内置VCD	阿尔派	套			117000	40950	76050	刘慧
2012-1-16	杭州千叶	宝来热泥板	宝来	件	4800	56	268800	94080	174720	方龙
2012-1-17	无锡联发	阿尔派758内置VCD	阿尔派	套	110	2340	257400	90090	167310	林乔杨

图6-8

　　如果指定条件的计算结果为TRUE，IF函数将返回某个值；如果该条件的计算结果为FALSE，则返回另一个值。例如，如果A1大于10，公式=IF(A1>10,"大于10","不大于10") 将返回"大于10"，如果A1小于等于10，则返回"不大于10"。

函数语法：IF(logical_test, [value_if_true], [value_if_false])

参数解释：

- logical_test：必需。计算结果可能为 TRUE 或 FALSE 的任意值或表达式。
- value_if_true：可选。logical_test 参数的计算结果为 TRUE 时所要返回的值。
- value_if_false：可选。logical_test 参数的计算结果为 FALSE 时所要返回的值。

99

小强：不过这个函数参数有些复杂，我有点不太明白。

王哥：如果不了解一个函数的参数用法或者混淆时，可以单击"有关该函数的帮助"选项，即可快速获得该函数的帮助，如图6-9所示。

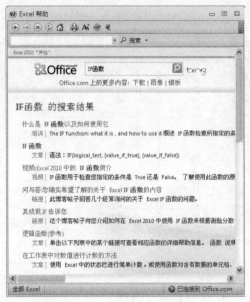

图6-9

小强的语气有些疑惑：那计算商业折扣，IF函数该怎么设置公式啊？

王哥：你不要着急嘛，下面我就来给你介绍。

计算商业折扣。选中I3单元格，输入公式：

```
=IF(F4>=5,H4*(1-0.65),H4*(1-0.9))
```

按回车键即可计算出商业折扣。

复制公式到该列其他单元格中，即可计算出其他日期的商业折扣，如图6-10所示。

▶| 精打细算——数据统计与条件运算

I4　｜　=IF(F4>=5,H4*(1-0.65),H4*(1-0.9))

上 半 年 销 售 统 计

销货单位：上海市中能科技有限公司　　　　统计时间：2012年7月　　　　统计员：王来

销售日期	客户	货品名称	规格	单位	销售量	销售单价	销售金额	营业折扣	交易金额	销售员
2012-1-1	南京慧通	宝来扶手箱	宝来	个	1000	110	110000	38500	71500	刘慧
2012-1-1	上海迅达	捷达扶手箱	捷达	个	1630	45	73350	25672.5	47677.5	李晶晶
2012-1-2	个人	捷达扶手箱	捷达	个	800	45	36000	12600	23400	刘慧
2012-1-2	南京慧通	宝来嘉丽布座套	宝来	套	200	550	110000	38500	71500	陈纪平
2012-1-3	无锡联发	捷达地毯	捷达	卷	450	55	24750	8662.5	16087.5	马艳红
2012-1-3	上海迅达	捷达挡泥板	捷达	套	4500	15	67500	23625	43875	崔子健
2012-1-4	合肥商贸	捷达亚麻脚垫	捷达	套	2800	31	86800	30380	56420	李晶晶
2012-1-5	南京慧通	宝来亚麻脚垫	宝来	套	800	31	24800	8680	16120	方龙
2012-1-6	南京慧通	捷达挡泥板	捷达	套	5000	15	75000	26250	48750	崔子健
2012-1-6	个人	索尼跑叭6937	索尼	对	800	480	384000	134400	249600	张军
2012-1-7	南京慧通	宝来亚麻脚垫	宝来	套	600	31	18600	6510	12090	方龙
2012-1-7	南京慧通	索尼跑叭S-60	索尼	对	650	380	247000	66450	160550	陈纪平
2012-1-8	杭州千叶	兰宝6寸套装喇叭	兰宝	对	820	485	397700	139195	258505	刘慧
2012-1-9	合肥商贸	捷达亚麻脚垫	捷达	套	7800	31	241800	84630	157170	李晶晶
2012-1-9	个人	灿晶800伸缩彩显	灿晶	台	200	930	186000	65100	120900	方龙
2012-1-9	南京慧通	索尼跑叭S-60	索尼	对	1200	380	456000	159600	296400	陈纪平
2012-1-10	上海迅达	索尼400内置VCD	索尼	台	200	1210	242000	84700	157300	李晶晶
2012-1-11	个人	灿晶超阳显示屏	灿晶	台	120	700	84000	29400	54600	张军
2012-1-12	上海迅达	索尼400内置VCD	索尼	台	200	1210	242000	84700	157300	李晶晶
2012-1-12	南京慧通	索尼2500MP3	索尼	台	160	650	104000	36400	67600	刘慧
2012-1-13	合肥商贸	捷达亚麻脚垫	捷达	套	1800	31	55800	19530	36270	李晶晶
2012-1-13	无锡联发	阿尔微T58内置VCD	阿尔微	套	40	2340	93600	32760	60840	林乔杨

图6-10

 小强笑着说：呵呵，这样通过公式来计算真是方便多了！

6.3 利用公式快速统计销售情况

小强：王哥再帮我看看在统计各月份销售与交易金额的时候是不是可以用SUM函数来实现？

王哥满意地说：是的！利用SUM函数引用销售统计表中的数据可以自动求和。SUM函数应该会用了吧！

小强：SUM函数就是将指定的数字相加。

王哥惊诧地问：就这样吗？

小强：SUM函数虽然有所了解，可是用得也不是很熟练，只会简单地求和运算。

王哥：SUM 将用户指定为参数的所有数字相加。每个参数都可以是区域、单元格引用、数组、常量、公式或另一个函数的结果。

例如，计算一月份销售金额。选中B3单元格，输入公式：

```
=SUM(销售统计表!$H$4:$H$63,A3)
```

按回车键即可计算出1月份的销售金额，如图6-11所示。

B3	▼	fx	=SUM(销售统计表!$H$4:$H$63,A3)			
A	B	C	D	E	F	G
销售与交易金额						
月份	1月	2月	3月	4月	5月	6月
销售金额	9334032.00					
交易金额						
差额						

图6-11

复制公式到该列其他单元格中，即可计算出每条销售记录的销售单价。

计算1月份交易金额。选中B4单元格，输入公式：

```
=SUM(销售统计表!$J$4:$J$63,A4)
```

按回车键即可计算出1月份的交易金额，如图6-12所示。

B4	▼	fx	=SUM(销售统计表!$J$4:$J$63,A4)			
A	B	C	D	E	F	G
销售与交易金额						
月份	1月	2月	3月	4月	5月	6月
销售金额	9334032.00					
交易金额	6067120.80					
差额						

图6-12

按照同样的方法，计算其他月份的销售金额、交易金额以及差额，如图6-13所示。

A	B	C	D	E	F	G
销售与交易金额						
月份	1月	2月	3月	4月	5月	6月
销售金额	9334032.00	6566510.00	4424411.00	3922474.00	2582577.00	4718379.00
交易金额	6067120.80	4268231.50	2875867.15	2549608.10	1678675.05	3066946.35
差额	3266911.20	2298278.50	1548543.85	1372865.90	903901.95	1651432.65

图6-13

小强：员工销售业绩统计是不是也可以使用SUM函数来实现啊？

王哥：不！这个时候就要用SUMIF函数来实现了。

SUMIF 函数可以对区域 （区域:工作表上的两个或多个单元格。区域中的单元格可以相邻或不相邻）中符合指定条件的值求和。所以这里需要利用 SUMIF 函数来统计员工总销售量和交易金额。

函数语法：SUMIF(range, criteria, [sum_range])

参数解释：

- Range：必需。用于条件计算的单元格区域。每个区域中的单元格都必须是数字或名称、数组或包含数字的引用。空值和文本值将被忽略。
- Criteria：必需。用于确定对哪些单元格求和的条件，其形式可以为数字、表达式、单元格引用、文本或函数。
- sum_range：可选。要求和的实际单元格（如果要对未在 range 参数中指定的单元格求和）。如果 sum_range 参数被省略，Excel 会对在 range 参数中指定的单元格（即应用条件的单元格）求和。

小强为难地说：可是有的函数太复杂了，我根本就记不住啊！

王哥：根据多年的经验，我来谈点应用体会。！这里就以统计员工销售业绩为例进行介绍。

如果只知道SUMIF函数的功能，却不知道函数的名时，怎么快速找到所需要的函数呢？这个可以有两个方法轻松做到。

→ 插入函数的寻找

打开"插入函数"对话框，如图6-14所示，在对话框的"搜索函数"文本框中直接输入所要的函数功能，例如"数学与三角函数"，在下面的"选择函数"列表框中会列出数学与三角函数，单击选择某个函数，对话框底部会给出该函数的简单说明。

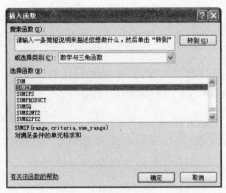

图6-14

→ 在编辑栏中显示提示

如果记得函数大致的拼写样子，可直接在编辑栏输入头几个字母，编辑栏下方会出现这些字母可开通的函数，并会显示相应的解释，如图6-15所示。

SUMIF	▼	× ✓ fx	=SUM			
	A	B			D	E	F
1		**各员工销**	*fx* SUM		对满足条件的单元格求和		
2	**销售员姓名**	**总销售量**	*fx* SUMIF *fx* SUMIFS	**排名**			
3	林乔杨	=SUM	*fx* SUMPRODUCT				
4	李晶晶		*fx* SUMSQ				
5	马艳红		*fx* SUMX2MY2 *fx* SUMX2PY2				
6	刘慧		*fx* SUMXMY2				
7	陈纪平						
8	张军						

图6-15

小强：哈，明白了，选择函数后，双击还可以看到，如图6-16所示的参数提示呢，这样简单多了。

SUMIF	▼	× fx	=SUMIF(		
	A	B	SUMIF(**range**, criteria, [sum_range])		E
1		**各员工销售业绩统计**			
2	**销售员姓名**	**总销售量**	**总交易金额**	**排名**	
3	林乔杨	=SUMIF(			
4	李晶晶				
5	马艳红				
6	刘慧				
7	陈纪平				
8	张军				

图6-16

其实真正学起来还是很容易掌握的，不过还是王哥引导得好。如果我能很好地利用Excel公式函数，以后处理报表时就不用这样费时、费力了。

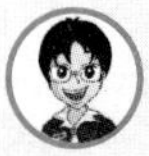

王哥笑了笑说：这个还要和你说一下。Excel在公式进行计算方面有其自身的标准和规范，这些规范对公式的编写有一定限制。主要是：

- 公式内容的长度不能超过1024个字符。
- 公式中的函数的嵌套不能超过7层。
- 公式中函数的参数不能超过30个。
- 数字计算精度为15位。

我们还是言归正传吧，函数已经知道了，接下来就是设置公式进行计算了。

计算总销售量。选中B3单元格，输入公式：

=SUMIF(销售统计表!$K$3:$K$292,A3,销售统计表!$F$3:$F$292)

按回车键即可计算出第一位销售员的总销售。

复制公式到该列其他单元格中，即可计算出其他销售员的总销售量，如图6-17所示。

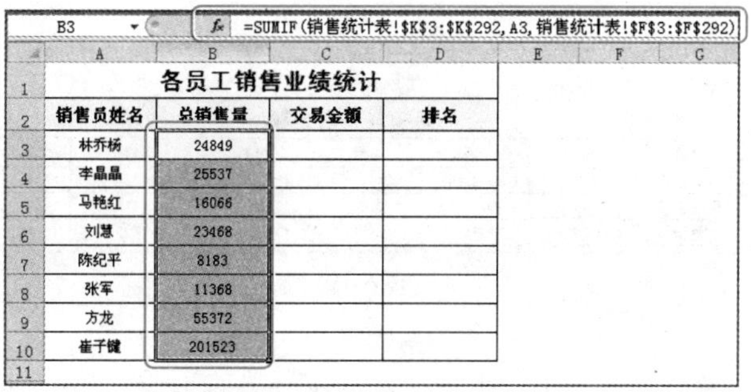

图6-17

计算总交易金额。选中C3单元格，输入公式：

=SUMIF(销售统计表!$K$3:$K$292,A3,销售统计表!$J$3:$J$262)

按回车键即可计算出第一位销售员的总交易金额。

复制公式到该列其他单元格中，即可计算出其他销售员的总交易金额，如图6-18所示。

| C3 | ▼ | | *fx* =SUMIF(销售统计表!$K$3:$K$292,A3,销售统计表!$J$3:$J$262) | | | | |

各员工销售业绩统计

销售员姓名	总销售量	交易金额	排名
林乔杨	24849	6912679.8	
李晶晶	25537	1958186.75	
马艳红	16066	1026644.45	
刘慧	23468	2039846.25	
陈纪平	8183	2258334	
张军	11368	1220131.25	
方龙	55372	2345952.7	
崔子键	201523	2744673.75	

图6-18

6.4 数据的简单计算

王哥：多数数据只需要通过简单计算就可以完成，如图6-19所示，对于数据的简单计算很容易掌握吧。

| B5 | ▼ | | *fx* =B3-B4 | | | | |

销售与交易金额

月份	1月	2月	3月	4月	5月	6月
销售金额	9334032.00	6566510.00	4424411.00	3922474.00	2582577.00	4718379.00
交易金额	6067120.80	4268231.50	2875867.15	2549608.10	1678675.05	3066946.35
差额	3266911.20	2298278.50	1548543.85	1372865.90	903901.95	1651432.65

图6-19

小强得意地说：嗯，简单运算就是字段通过加、减、乘、除等简单算术就能计算出来的。

王哥：是啊，在运算时我们只需要知道数据之间的关系，例如在销售统计表中有用到的数据关系。

销售额=销售量×销售单价，如图6-20所示；交易金额=销售金额－商业折扣，如图6-21所示。

H4 =F4*G4

上半年销售统计

销货单位：上海市中能科技有限公司 统计时间：2012年7月

销售日期	客户	货品名称	规格	单位	销售量	销售单价	销售金额	商业折扣
2012-1-1	南京慧通	宝来扶手箱	宝来	个	1000	110	110000	38500
2012-1-1	上海迅达	捷达扶手箱	捷达	个	1630	45	73350	25672.5
2012-1-2	个人	捷达扶手箱	捷达	个	800	45	36000	12600
2012-1-2	南京慧通	宝来嘉丽布座套	宝来	套	200	550	110000	38500
2012-1-3	无锡联发	捷达地板	捷达	卷	450	55	24750	8662.5
2012-1-3	上海迅达	捷达挡泥板	捷达	套	4500	15	67500	23625
2012-1-4	合肥商贸	捷达亚麻脚垫	捷达	套	2800	31	86800	30380
2012-1-5	南京慧通	宝来亚麻脚垫	宝来	套	800	31	24800	8680
2012-1-6	南京慧通	捷达挡泥板	捷达	套	5000	15	75000	26250
2012-1-6	个人	索尼喇叭6937	索尼	对	800	480	384000	134400
2012-1-7	南京慧通	宝来亚麻脚垫	宝来	套	600	31	18600	6510
2012-1-7	南京慧通	索尼喇叭S-60	索尼	对	650	380	247000	86450
2012-1-8	杭州千叶	兰宝6寸套装喇叭	兰宝	对	820	485	397700	139195
2012-1-9	合肥商贸	捷达亚麻脚垫	捷达	套	7800	31	241800	84630
2012-1-9	个人	灿晶800伸缩彩显	灿晶	台	200	930	186000	65100
2012-1-9	南京慧通	索尼喇叭S-60	索尼	对	1200	380	456000	159600
2012-1-10	上海迅达	索尼400内置VCD	索尼	台	200	1210	242000	84700
2012-1-11	个人	灿晶遮阳板显示屏	灿晶	台	120	700	84000	29400
2012-1-12	上海迅达	索尼400内置VCD	索尼	台	200	1210	242000	84700
2012-1-12	南京慧通	索尼2500MP3	索尼	台	160	650	104000	36400
2012-1-13	合肥商贸	捷达亚麻脚垫	捷达	套	1800	31	55800	19530
2012-1-13	无锡联发	阿尔派758内置VCD	阿尔派	套	40	2340	93600	32760

图6-20

J4 =H4-I4

上半年销售统计

销货单位：上海市中能科技有限公司 统计时间：2012年7月 统计员：王荣

销售日期	客户	货品名称	规格	单位	销售量	销售单价	销售金额	商业折扣	交易金额	销售员
2012-1-1	南京慧通	宝来扶手箱	宝来	个	1000	110	110000	38500	71500	刘慧
2012-1-1	上海迅达	捷达扶手箱	捷达	个	1630	45	73350	25672.5	47677.5	李晶晶
2012-1-2	个人	捷达扶手箱	捷达	个	800	45	36000	12600	23400	刘慧
2012-1-2	南京慧通	宝来嘉丽布座套	宝来	套	200	550	110000	38500	71500	陈纪平
2012-1-3	无锡联发	捷达地板	捷达	卷	450	55	24750	8662.5	16087.5	马艳红
2012-1-3	上海迅达	捷达挡泥板	捷达	套	4500	15	67500	23625	43875	崔子健
2012-1-4	合肥商贸	捷达亚麻脚垫	捷达	套	2800	31	86800	30380	56420	李晶晶
2012-1-5	南京慧通	宝来亚麻脚垫	宝来	套	800	31	24800	8680	16120	方龙
2012-1-6	南京慧通	捷达挡泥板	捷达	套	5000	15	75000	26250	48750	崔子健
2012-1-6	个人	索尼喇叭6937	索尼	对	800	480	384000	134400	249600	张军
2012-1-7	南京慧通	宝来亚麻脚垫	宝来	套	600	31	18600	6510	12090	方龙
2012-1-7	南京慧通	索尼喇叭S-60	索尼	对	650	380	247000	86450	160550	陈纪平
2012-1-8	杭州千叶	兰宝6寸套装喇叭	兰宝	对	820	485	397700	139195	258505	刘慧
2012-1-9	合肥商贸	捷达亚麻脚垫	捷达	套	7800	31	241800	84630	157170	李晶晶
2012-1-9	个人	灿晶800伸缩彩显	灿晶	台	200	930	186000	65100	120900	方龙
2012-1-9	南京慧通	索尼喇叭S-60	索尼	对	1200	380	456000	159600	296400	陈纪平
2012-1-10	上海迅达	索尼400内置VCD	索尼	台	200	1210	242000	84700	157300	李晶晶
2012-1-11	个人	灿晶遮阳板显示屏	灿晶	台	120	700	84000	29400	54600	张军
2012-1-12	上海迅达	索尼400内置VCD	索尼	台	200	1210	242000	84700	157300	李晶晶
2012-1-12	南京慧通	索尼2500MP3	索尼	台	160	650	104000	36400	67600	刘慧
2012-1-13	合肥商贸	捷达亚麻脚垫	捷达	套	1800	31	55800	19530	36270	李晶晶

图6-21

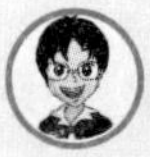
王哥： Yes，就是这样运算的。那这个我就不用介绍了。

还有一个不用使用函数就能看到平均值（AVERAGE）、计数（COUNT）、求和（SUM）、最大值（MAX）和最小值（MIN）的方法。

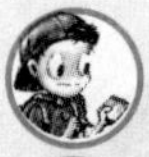
小强表示惊讶： 什么方法啊？

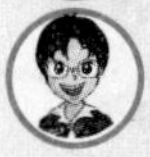
王哥： 选中需要求值的数据区域，这里我们选中，即可看到状态栏右边有平均值、计数和求和结果，如图6-22所示。

把鼠标移到状态栏，再单击右键，可在最大值和最小值前面打“√”，也就看到所选数据区域中最大值和最小值了，如图6-23所示。

销售员姓名	总销售量	总交易金额	排名	
林乔杨	24849	6912679.8	1	
李晶晶	25537	1958186.75	6	
马艳红	16066	1026644.45	8	
刘慧	23468	2039846.25	5	
陈纪平	8183	2258334	4	
张军	11368	1220131.25	7	
方龙	55372	2345952.7	3	
崔子键	201523	2744673.75	2	

图表比较员工销售业绩 员工销售业绩调

平均值: 2563306.119 计数: 8 求和: 20506448.95

图6-22

刘慧	23468		宏录制(M)	未录制
陈纪平	8183		选择模式(L)	
张军	11368		页码(P)	
方龙	55372		✓ 平均值(A)	2563306.119
崔子键	201523		✓ 计数(C)	8
			数值计数(T)	8
图表比较员工销售业绩			✓ 最小值(I)	1026644.45
值: 2563306.119 计数: 8 最小值: 1(			✓ 最大值(X)	6912679.8

图6-23

小强笑着说：这个方法真简单啊，谢谢王哥！让我又学会了不少知识。

王哥：就是啊，这么简单你怎么都没发现呢？不过你平时还是多要善于观察。

6.5 利用公式对销售员的交易金额进行名次的排名

小强：总销售量和总交易金额都可以用函数来计算，那排名应该也可以使用函数吧？

王哥： Yes。能用函数的地方当然要用函数了。这里就要用到RANK函数了。

RANK函数表示返回一个数字在数字列表中的排位，数字的排位是其大小与列表中其他值的比值；如果多个值具有相同的排位，则将返回平均排位。

函数语法： RANK.AVG(number,ref,[order])

参数解释：

- Number：必需。要查找其排位的数字；
- Ref：必需。数字列表数组或对数字列表的引用。ref 中的非数值型值将被忽略；
- Order: 可选。一个指定数字的排位方式的数字。

选中D3单元格，输入公式：

```
=RANK(C3,$C$3:$C$10,0)
```

按回车键即可计算出第一位销售员的排名。

复制公式到该列其他单元格中，即可计算出其他销售员的排名，如图6-24所示。

D3 =RANK(C3,$C$3:$C$10,0)

	A	B	C	D
1	各员工销售业绩统计			
2	销售员姓名	总销售量	总交易金额	排名
3	林乔杨	24849	6912679.8	1
4	李晶晶	25537	1958186.75	6
5	马艳红	16066	1026644.45	8
6	刘慧	23468	2039846.25	5
7	陈纪平	8183	2258334	4
8	张军	11368	1220131.25	7
9	方龙	55372	2345952.7	3
10	崔子键	201523	2744673.75	2

图6-24

小强不解地说： 如果出现相同金额排名时，RANK函数该如何排名？

王哥连忙说：这就是我接下来要和你说的。例如当出现相同名次时，则会少一个名次。例如出现两个第5名，则会自动省去名次6，下面设置公式可以解决这一问题。

如图6-25所示C列中可以看到出现了两个第五名，而少了第六名。选中D2单元格，在编辑栏中输入公式：

```
=RANK.EQ(B2,$B$2:$B$11)+COUNTIF($B$2:B2,B2)-1
```

按回车键，然后向下复制公式。可以看到出现相同名次时，先出现的排在前，后出现的排在后，如图6-25所示。

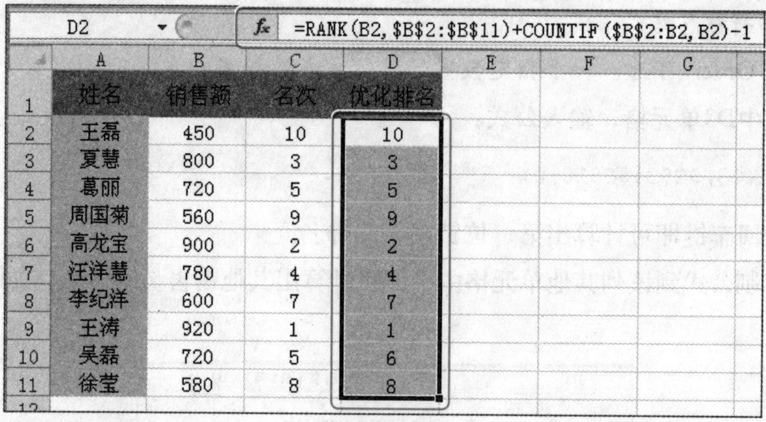

	D2		f_x	=RANK(B2,$B$2:$B$11)+COUNTIF($B$2:B2,B2)-1		
	A	B	C	D	E	F	G
1	姓名	销售额	名次	优化排名			
2	王磊	450	10	10			
3	夏慧	800	3	3			
4	葛丽	720	5	5			
5	周国菊	560	9	9			
6	高龙宝	900	2	2			
7	汪洋慧	780	4	4			
8	李纪洋	600	7	7			
9	王涛	920	1	1			
10	吴磊	720	5	6			
11	徐莹	580	8	8			

图6-25

如果出现非常多相同的名称，该方法则会存在一些弊端。那么如果想实现出现相同名次时排位相同，并且序号依然能够依次排列，可以按如下方法来设置公式。

选中E2单元格，在公式编辑栏中输入公式：

```
=SUM(IF($B$2:$B$11<=B2,"",1/(COUNTIF($B$2:$B$11,$B$2:$B$11))))
+1
```

按"Ctrl+Shift+Enter"组合键，向下复制公式，可以看到，结果出现两个第5名，序号都显示为5，而且依然有第6名，如图6-26所示。

E2	$\{=SUM(IF(\$B\$2:\$B\$11<=B2,"",1/(COUNTIF(\$B\$2:\$B\$11,\$B\$2:\$B\$11))))+1\}$

	A	B	C	D	E
1	姓名	销售额	名次	优化排名	最优排名
2	王磊	450	10	10	9
3	夏慧	800	3	3	3
4	葛丽	720	5	5	5
5	周国菊	560	9	9	8
6	高龙宝	900	2	2	2
7	汪洋慧	780	4	4	4
8	李纪洋	600	7	7	6
9	王涛	920	1	1	1
10	吴磊	720	5	6	5
11	徐莹	580	8	8	7
12					

图6-26

小强：谢谢王哥，给我指出了这么多问题，并都帮我一一分析。以后在制作报表时，就不会像现在这般吃力了。

王哥附和道：没事，我也是从菜鸟阶段成长的。函数是Excel中使用频率最高的，应用最广泛的功能，所以你要抓紧掌握以便以后工作中更好的利用。

小强：嗯，那不耽误你工作了，我回去好好复习了。

第7章
数据初步分析三大法宝

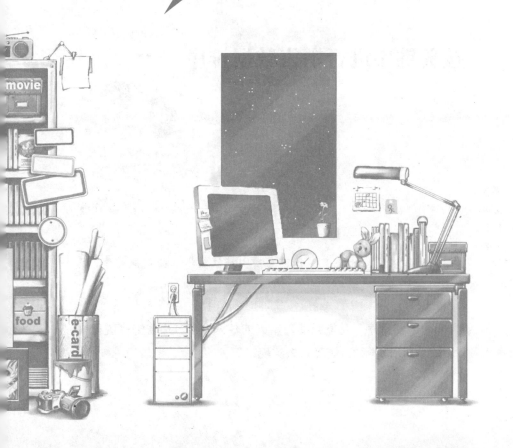

在王哥的悉心指导下，小强通过自己的努力已经顺利地完成了报表的设计。接下来，小强需要对销售数据进行分析。在这过程中，也遇到了不少问题……

王哥看到小强情绪不高：你的报表不是已经设计出来了么，为什么还垂头丧气呢？

小强：报表我早都设计出来了，也对报表中的数据进行了分析，不过还是有些地方弄不明白，只好求救于您！

王哥：效率还挺高，这么快就完成报表的数据处理工作，还开始分析工作了啊！我原本预计没有这么快呢。

小强：没办法，我可一直都是在加班加点。

王哥：那也需要注意身体呀！

7.1 按关键字进行销售数据排序

于是王哥打开了小强发来的报表，笑着说：什么问题？和我说说吧！

小强说：在销售统计表中，我想先按"销售量"从高到低排序，再按"交易金额"从高到低排序。

因为Excel中的"排序"功能只能对某列的数据按照升序或降序进行排序（如图7-1所示），所以不知道该怎么去实现。

▶| 数据初步分析三大法宝

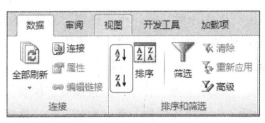

图7-1

王哥叹了口气：哎，小强啊，排序除了可以按照系统默认的升序或降序两种方式进行排序，也还可以根据条件需要自定义排序。

它不仅可以对单列进行排序，还可以同时对数据区域中的多列数据进行排序啊！

小强惊诧地看着王哥：真得啊！那还请王哥指教啊！

王哥：当然了，Excel的功能是很强大的，很多时候你要学会灵活应用。有些东西是需要实践和揣摩的。

此时可以通过设置双关键字来进行排序，双关键字排序用于当按第一个关键字排序时出现重复记录再按第二个关键字排序情况下！

 在销售统计表中选中需要进行排序的单元格区域，如：A4:A292。单击"数据"选项卡，在"排序和筛选"选项组中单击"排序"按钮，如图7-2所示。

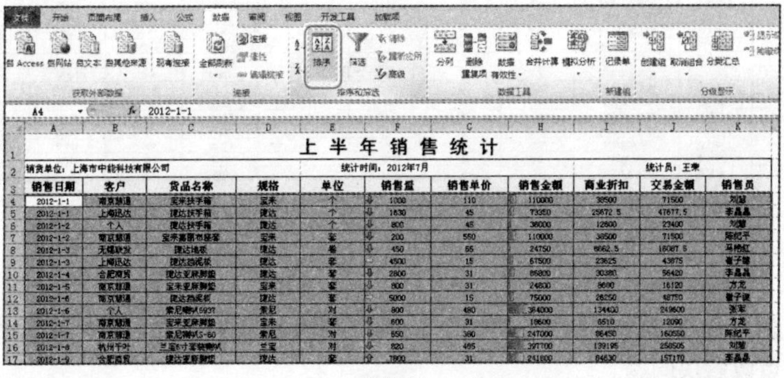

图7-2

Step 02 弹出"排序"对话框，在"排序"对话框中，单击左上角的"添加条件"按钮，添加一个"次要关键字"条件。

Step 03 设置"主要关键字"中的排序"列"为"销售量"、"排序依据"为"数值"、"次序"为"升序"。再设置"次要关键字"中的排序"列"为"交易金额"、"排序依据"为"数值"、"次序"为"升序"，如图7-3所示。

图7-3

Step 04 设置完成后，单击"确定"按钮，即可看出当"销售量"数据一致时，会接着使用"交易金额"数据进行次要关键字排序，如图7-4所示。

销售日期	客户	货品名称	规格	单位	销售量	销售单价	销售金额	商业折扣	交易金额	销售员
2012-1-13	无锡联发	阿尔派758内置VCD	阿尔派	室	40	2340	93600	32760	60840	林乔扬
2012-1-11	个人	灿晶遮阳板显示屏	灿晶	台	120	700	84000	29400	54600	张军
2012-1-12	南京联通	索尼2500MP3	索尼	台	160	650	104000	36400	67600	刘慧
2012-1-2	南京联通	宝来漏菲布底座	宝来	室	200	550	110000	38500	71500	陈纪平
2012-1-9	个人	灿晶600伸缩彩显	灿晶	室	200	930	186000	65100	120900	方龙
2012-1-10	上海迅达	索尼400内置VCD	索尼	台	200	1210	242000	84700	157300	李晶晶
2012-1-12	上海迅达	索尼400内置VCD	索尼	台	200	1210	242000	84700	157300	李晶晶
2012-1-14	南京联通	索尼2500MP3	索尼	台	280	650	182000	63700	118300	刘慧
2012-1-3	无锡联发	捷达地板	捷达	卷	450	55	24750	8662.5	16087.5	马艳红
2012-1-7	南京联通	宝来夏麻脚垫	宝来	套	600	31	18600	6510	12090	方龙
2012-1-7	南京联通	索尼喇叭S-60	索尼	对	650	380	86450	160550		陈纪平
2012-1-5	南京联通	宝来夏麻脚垫	宝来	套	800	31	24800	8680	16120	方龙
2012-1-2	个人	捷达扶手箱	捷达	个	800	45	36000	12600	23400	刘慧
2012-1-6	个人	索尼喇叭A693T	索尼	对	800	480	384000	134400	249600	张军
2012-1-8	杭州叶叶	兰宝61T套装喇叭A	兰宝	对	820	485	397700	139195	258505	刘慧
2012-1-8	南京联通	宝来扶手箱	宝来	个	1000	110	110000	38500	71500	刘慧
2012-1-14	个人	宝来夏麻脚垫	宝来	套	1200	31	37200	13020	24180	马艳红
2012-1-6	南京联通	索尼喇叭S-60	索尼	对	1200	380	456000	159600	296400	陈纪平
2012-1-1	上海迅达	捷达扶手箱	捷达	个	1830	45	73350	25672.5	47677.5	李晶晶
2012-1-13	合肥国贸	捷达夏麻脚垫	捷达	套	1800	31	55800	19530	36270	李晶晶
2012-1-4	合肥国贸	捷达夏麻脚垫	捷达	套	2800	31	86800	30380	56420	李晶晶
2012-1-3	上海迅达	捷达热泥板	捷达	套	4500	15	67500	23625	43875	崔子健
2012-1-6	南京联通	捷达热泥板	捷达	套	5000	15	75000	26250	48750	崔子健
2012-1-9	合肥国贸	捷达夏麻脚垫	捷达	套	7800	31	241800	84630	157170	李晶晶

上半年销售统计

销货单位：上海市中能科技有限公司　　统计时间：2012年7月　　统计员：王乗

图7-4

提示 此方法适用于存在并列导致无法确定顺序的情况。使用双关键字进行排序可以解决问题。

7.2 排序还有的一些方法

 小强高兴地说：Excel的排序功能很强大！

王哥接着说：是啊！下面再简单介绍几种方法。

→ 多个关键字排序

Excel可以定义多个关键字的排序，主要是解决在排序时有相同数据的问题，当第一个关键字有相同的数据时，再按另一个关键字排序数据，依次类推。

选中需要进行排序的单元格区域，执行"数据→排序"命令，打开"排序"对话框，根据关键字需要，依次单击左上角的"添加条件"按钮，如图7-4所示。

图7-4

→ 按行排序

打开"排序"对话框，单击其中的"选项"按钮，打开"排序选项"对话框，选中其中的"按行排序"选项，如图7-5所示，确定返回到"排序"对话框，再按下"确定"按钮即可。

117

➔ 按笔划排序

打开"排序"对话框，单击其中的"选项"按钮，打开"排序选项"对话框，选中其中的"笔划排序"选项，如图7-6所示，确定返回到"排序"对话框，再按下"确定"按钮即可。

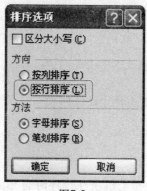

图7-5

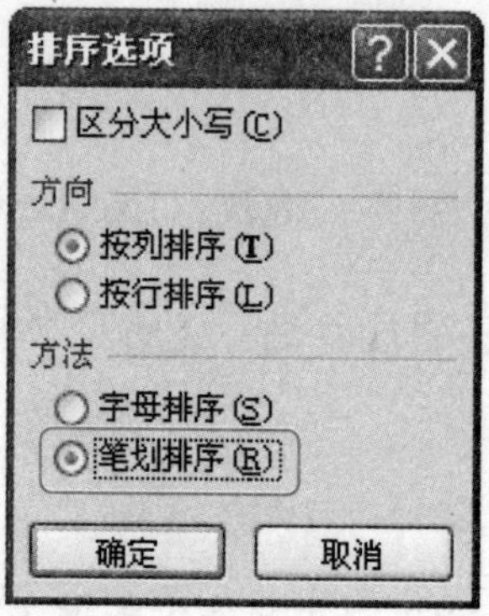

图7-6

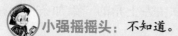**王哥接着说道**：*如果不希望打乱表格原有数据的顺序，而只需要得到一个排列名次。对于这个问题，你知道怎么解决吗？*

小强摇摇头：*不知道。*

王哥补充道：*其实前面我提到过，才学的难道你不记得了吗？*

看到王哥有点不开心，小强认真地想了半天：*是不是用函数来实现啊？*

王哥：*亏你能够想得起来啊！既然知道用函数，那你知道用什么函数吗？*

小强连忙说：*RANK函数，在计算出销售员排名的时候用到过RANK函数，如图7-7所示。*

王哥满意地点点头：*RANK函数返回一个数字在数字列表中的排位。数字的排位是其大小与列表中其他值的比值（如果列表已排过序，则数字的排位就是它当前的位置）。*

D3	▼	fx	=RANK(C3,$C$3:$C$10,0)	

	A	B	C	D	E
1	各员工销售业绩统计				
2	销售员姓名	总销售量	总交易金额	排名	
3	林乔杨	24849	6912679.8	1	
4	李晶晶	25537	1958186.75	6	
5	马艳红	16066	1026644.45	8	
6	刘慧	23468	2039846.25	5	
7	陈纪平	8183	2258334	4	
8	张军	11368	1220131.25	7	
9	方龙	55372	2345952.7	3	
10	崔子键	201523	2744673.75	2	
11					

图7-7

前面和你介绍过，这里就不再多说！

7.3 按销售员进行自动筛选

小强：现在如果只想在销售报表中显示某位销售员的销售情况，我该怎么处理啊？

王哥：那我问你，你知道Excel本身自带的数据分析工具有哪些吗？

小强连忙说：排序、筛选、分类汇总、数据透视表……

王哥：这些虽然只是简单的分析工具，可是你知道的怎么却不会用呢？这里就可以使用筛选功能来实现呀！

Step 01 选中要进行文本筛选的单元格区域，在"数据"选项卡的"排序与筛选"选项组单击"筛选"按钮，即可为列标签添加筛选下拉菜单，如图7-8所示。

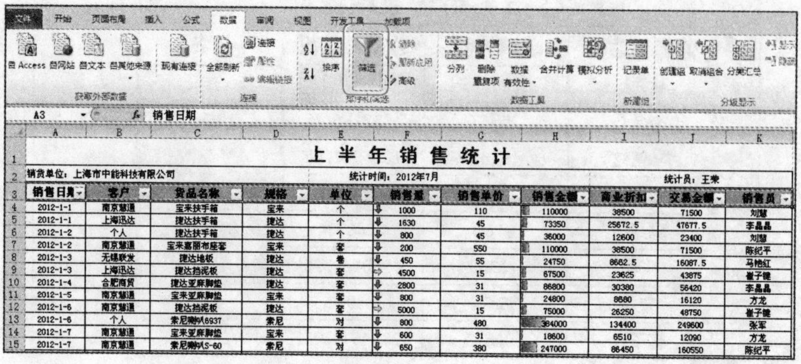

图7-8

Step 02 单击"销售员"筛选下拉按钮，在下拉菜单中取消选中"全部"复选框，接着选中要查看销售业绩的销售员名称的复选框，即可将所选的销售员的数据筛选出来，如图7-9所示。

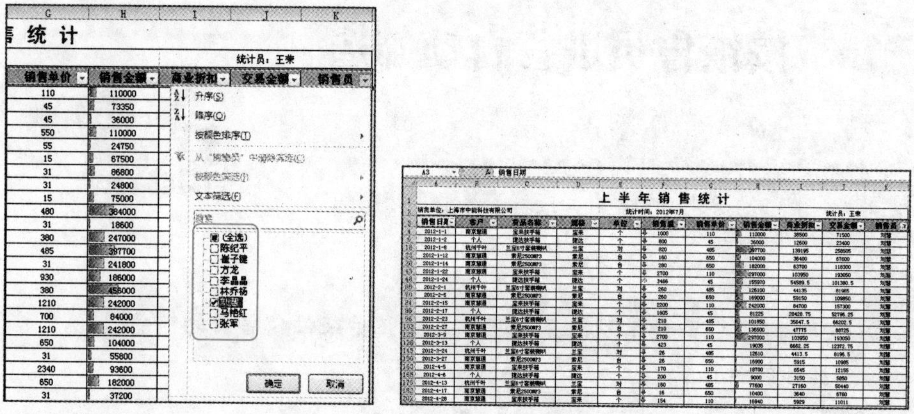

图7-9

王哥接着说：当需要查看数据库中满足特定条件的记录时，也可以使用此功能。例如在销售统计表中如果要将销售量中的高于平均值的记录筛选出来，可进行如下操作。

单击相应的"筛选下拉按钮"，在弹出的菜单中选择"数字筛选"→"高于平均值"菜单命令即可，如图7-10所示。

图7-10

提示

使用这种方法不仅可以对数字进行筛选，还可以对文本进行筛选，只是有略微不同而已。

7.4 对销售数据进行高级筛选

小强：看来Excel的筛选功能用起来还挺简单嘛！

王哥："自动筛选"一般就用于条件简单的筛选操作。

小强表示疑问："自动筛选"？

王哥：是啊，Excel中提供了两种数据的筛选操作，即"自动筛选"和"高级筛选"，上面和你讲的就是自动筛选功能。

小强：那"高级筛选"怎么用啊？

王哥："高级筛选"一般用于条件较复杂的筛选操作，其筛选的结果可显示在原数据表格中，不符合条件的记录被隐藏起来。

　　也可以在新的位置显示筛选结果，不符合条件的记录同时保留在数据表中而不会被隐藏起来，这样就更加便于进行数据的对比了。

　　在实际应用中，当涉及到更复杂的筛选条件而利用自动筛选功能无法完成，就需要利用Excel的高级筛选功能，通过复制条件的设置来筛选数据。

Step 01 在销售统计表中，设置筛选条件，如在M14：M15单元格区域中的设置筛选条件。单击"数据"选项卡，在"排序和筛选"选项组中单击"高级"按钮，如图7-11所示。

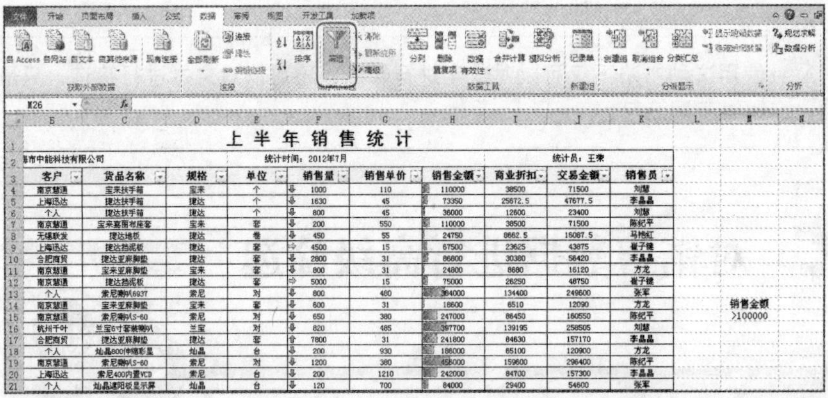

图7-11

Step 02 打开"高级筛选"对话框。单击"列表区域"后的折叠按钮，选择参与筛选的单元格区域，"条件区域"后的折叠按钮，选择筛选条件所在的单元格，如图7-12所示。

Step 03 单击该按钮返回对话框，按回车键，然后就可查看当前高级筛选的结果了，如图7-13所示。

图7-12

客户	货品名称	规格	单位		销售量	销售单价	销售金额	商业折扣	交易金额	销售员
				上 半 年 销 售 统 计						
奉市中能科技有限公司				统计时间：2012年7月					统计员：王荣	
南京慧通	宝来扶手箱	宝来	个	↓	1000	110	110000	38500	71500	刘慧
南京慧通	宝来嘉丽布座套	宝来	套		200	550	110000	38500	71500	陈纪平
个人	索尼嗽叭6937	索尼	对	↓	800	480	384000	134400	249600	张军
南京慧通	索尼嗽叭AS-60	索尼	对		650	380	247000	86450	160550	刘慧
杭州千叶	兰宝6寸套装嗽叭	兰宝	对		820	485	397700	139195	258505	刘慧
合肥商贸	捷达亚麻脚垫	捷达	套	合	7800	31	241800	84630	157170	李晶晶
个人	灿晶800伸缩彩显	灿晶	台		200	930	186000	65100	120900	方龙
南京慧通	索尼嗽叭AS-60	索尼	对		1200	380	456000	159600	296400	陈纪平
上海迅达	索尼400内置VCD	索尼	台		200	1210	242000	84700	157300	李晶晶
上海迅达	索尼400内置VCD	索尼	台		200	1210	242000	84700	157300	李晶晶
南京慧通	索尼2500MP3	索尼	台		160	650	104000	36400	67600	刘慧
南京慧通	索尼2500MP3	索尼	台		280	650	182000	63700	118300	刘慧
南京慧通	索尼嗽叭AS-60	索尼	对		580	380	220400	77140	143260	陈纪平
个人	宝来挡泥板	宝来	件		4500	56	252000	88200	163800	林乔杨
无锡联发	阿尔派758内置VCD	阿尔派	套		50	2340	117000	40950	76050	林乔杨
杭州千叶	宝来挡泥板	宝来	件		4800	56	268800	94080	174720	方龙
无锡联发	阿尔派758内置VCD	阿尔派	套		110	2340	257400	90090	167310	林乔杨
上海迅达	阿尔派6900MP4	阿尔派	台		160	1280	204800	71680	133120	马艳红
无锡联发	阿尔派758内置VCD	阿尔派	套		45	2340	105300	36855	68445	林乔杨
个人	灿晶870f伸缩彩显	灿晶	台		134	930	124620	43617	81003	李晶晶
杭州千叶	宝来挡泥板	宝来	件		2100	56	117600	41160	76440	方龙
南京慧通	宝来扶手箱	宝来	个		2700	110	297000	103950	193050	刘慧

图7-13

小强：那也可以将筛选到的结果存放于其他位置上吗？

王哥：可以。在"方式"文本框下选中"将筛选结果复制到其他位置"单选项。设置"列表区域"为参与筛选的单元格区域，"条件区域"为建立的筛选条件区域，"复制到"位置为显示筛选结果的起始单元格，如图7-14所示。

图7-14

提示　一般情况下，"自动筛选"能完成的操作用"高级筛选"完全可以实现，但有的操作则不宜用"高级筛选"。在一些情况下使用"高级筛选"反而会使问题更加复杂化，如筛选最大或最小的前几项记录。

小强笑着说：采用高级筛选方式可以得到单一的分析结果，更便于使用。

王哥：只要把握了问题的关键，选用简便、正确的操作方法，问题都能迎刃而解。

7.5　实现自定义筛选

小强：王哥，如果这里想筛选出经办人为"李晶晶"并且产品规格为"捷达"的记录，可以根据筛选下拉菜单进行操作吧？

王哥：是的，完全可以。通过筛选功能可以实现"与"条件，即筛选出同时满足两个或两个以上条件的记录。

其实也很简单。按"经办人"字段设置筛选，

Step 01 选中要进行文本筛选的单元格区域，在"数据"选项卡的"排序与筛选"选项组单击"筛选"按钮，即可为列标签添加筛选下拉菜单，如图7-15所示。

图7-15

Step 02 单击"销售员"筛选下拉按钮，在下拉菜单中取消选中"全部"复选框，接着选中"李晶晶"的销售员名称的复选框，即可将所选的销售员的数据筛选出来，如图7-16所示。

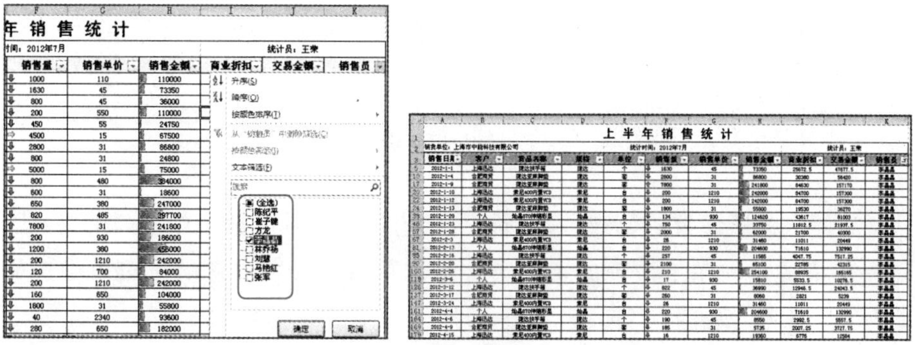

图7-16

继续按"规格"为"捷达"字段设置筛选，在筛选出指定的经办人的基础上再筛选出指定规格，如图7-17所示。

图7-17

设置完成后，单击"确定"即可显示出满足条件的记录，如图7-18所示。

小强：有了筛选工具，就不用再惧怕海量数据啦。

王哥接着说：是啊！另外还可以使用自定义筛选出大于、等于或小于某一数值的记录。例如下面介绍筛选出销售量大于等于"50000"的记录。

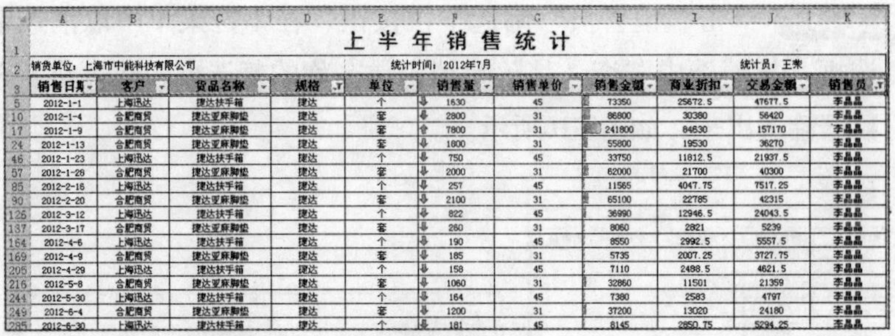

上 半 年 销 售 统 计

销货单位：上海市中能科技有限公司　　统计时间：2012年7月　　统计员：王衆

	销售日期	客户	货品名称	规格	单位	销售量	销售单价	销售金额	商业折扣	交易金额	销售员
5	2012-1-1	上海迅达	捷达扶手箱	捷达	个	1630	45	73350	25672.5	47677.5	李晶晶
10	2012-1-4	合肥商贸	捷达亚麻脚垫	捷达	套	2800	31	86800	30380	56420	李晶晶
17	2012-1-9	合肥商贸	捷达亚麻脚垫	捷达	套	7800	31	241800	84630	157170	李晶晶
24	2012-1-13	合肥商贸	捷达亚麻脚垫	捷达	套	1800	31	55800	19530	36270	李晶晶
46	2012-1-23	上海迅达	捷达扶手箱	捷达	个	750	45	33750	11812.5	21937.5	李晶晶
57	2012-1-28	合肥商贸	捷达亚麻脚垫	捷达	套	2000	31	62000	21700	40300	李晶晶
85	2012-2-16	上海迅达	捷达扶手箱	捷达	个	257	45	11565	4047.75	7517.25	李晶晶
90	2012-2-20	合肥商贸	捷达亚麻脚垫	捷达	套	2100	31	65100	22785	42315	李晶晶
126	2012-3-12	上海迅达	捷达扶手箱	捷达	个	822	45	36990	12946.5	24043.5	李晶晶
137	2012-3-17	合肥商贸	捷达亚麻脚垫	捷达	套	260	31	8060	2821	5239	李晶晶
164	2012-4-6	上海迅达	捷达扶手箱	捷达	个	190	45	8550	2992.5	5557.5	李晶晶
169	2012-4-9	合肥商贸	捷达亚麻脚垫	捷达	套	185	31	5735	2007.25	3727.75	李晶晶
205	2012-4-29	上海迅达	捷达扶手箱	捷达	个	158	45	7110	2488.5	4621.5	李晶晶
216	2012-5-8	合肥商贸	捷达亚麻脚垫	捷达	套	1060	31	32860	11501	21359	李晶晶
244	2012-5-30	上海迅达	捷达扶手箱	捷达	个	164	45	7380	2583	4797	李晶晶
249	2012-6-4	合肥商贸	捷达亚麻脚垫	捷达	套	1200	31	37200	13020	24180	李晶晶
285	2012-6-30	上海迅达	捷达扶手箱	捷达	个	181	45	8145	2850.75	5294.25	李晶晶

图7-18

取消之前所设置的筛选，重新按“销售量”设置筛选，单击“销售量”筛选下拉按钮，在下拉菜单中“数字筛选”命令，在右侧的子菜单中选择“大于”选项，如图7-19所示。

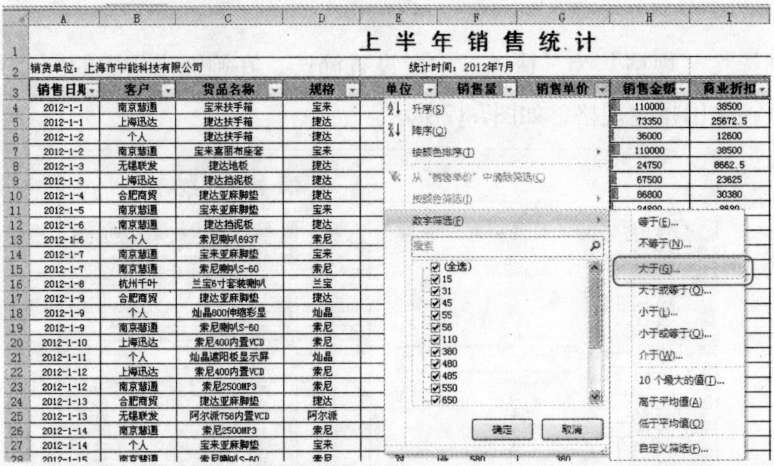

图7-19

打开“自定义自动筛选方式”对话框，设置“大于或等于”数值为50000，然后选中“与”单选项，单击“确定”按钮，即可筛选出“销售量”大于50000的记录，如图7-20所示。

图7-20

提示 在"数字筛选"子菜单中可以看到多项命令,选择不同的命令(如"不等于"、"介于"、"高于平均值"等),可以筛选出满足不同条件的记录。

7.6 使用分类汇总查询销售额最高的日期

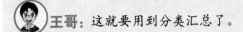

小强: 在销售统计表中,能不能快速地按各种形式来统计销售额?

王哥: 这就要用到分类汇总了。

小强高兴地说: 在销售报表中,有太多的记录并且有相同项目的记录,要统计每一天的销售金额为多少,同时查询哪一天销售金额最高,也可以使用分类汇总吗!

王哥: 当然可以啊!Excel的分类汇总功能可以帮助我们更直观地显示数据。而且它不仅方便对繁杂数据的管理,还能够提高工作效率呢!

小强两眼放光: 那快教教我吧!

王哥: 不要这么激动。接下来我就向你介绍。

为了保证原有的销售统计数据不被更改,因此可以复制工作表用于分类汇总分析。

Step 01 选中"销售金额"列中任意一个单元格,单击"数据"选项卡,在"分级显示"选项组中单击"分类汇总"按钮,如图7-21所示。

Step 02 打开分类汇总"对话框,设置"分类字段"为"销售日期"、"汇总方式"为"求和"、"选定汇总项"为"交易金额",如图7-22所示。

Step 03 单击"确定"按钮，即可显示出各日期销售金额汇总值，如图7-23所示。

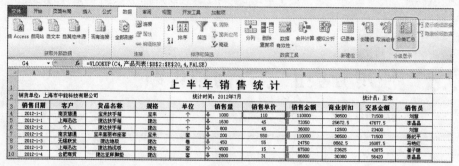

图7-21

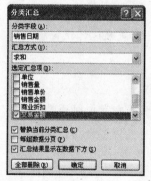

图7-22

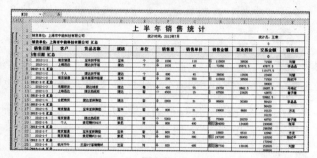

图7-23

提示 由于产品销售记录是按日期依次记录的，因此可以直接按销售日期进行分类汇总；如果销售记录不是逐日记录的，首先需要对"销售日期"进行排序，将同一日期的销售记录排列在一起，然后才能进行分类汇总。

小强：可是如何只显示出分类汇总的结果呢？

王哥：这个简单啊，单击页码"2"不就可以只显示分类汇总结果嘛，如图7-24所示！

小强想了想问道：那如果我要更改汇总方式该如何设置呢？

王哥：直接打开“分类汇总”对话框，在“分类汇总”对话框中单击“汇总方式”下拉列表框，在弹出的列表中选择需要更改的汇总方式。

上半年销售统计

销货单位：上海市中能科技有限公司　统计时间：2012年7月　统计员：王荣

	销售日期	客户	货品名称	规格	单位	销售量	销售单价	销售金额	商业折扣	交易金额	销售员
6	2012-1-1 汇总									119177.5	
9	2012-1-2 汇总									94900	
12	2012-1-3 汇总									59962.5	
14	2012-1-4 汇总									56420	
16	2012-1-5 汇总									16120	
19	2012-1-6 汇总									298350	
22	2012-1-7 汇总									172640	
24	2012-1-8 汇总									258505	
28	2012-1-9 汇总									574470	
30	012-1-10 汇总									157300	
32	012-1-11 汇总									54600	
35	012-1-12 汇总									224900	
38	012-1-13 汇总									97110	
41	012-1-14 汇总									142480	
44	012-1-15 汇总									307060	
47	012-1-16 汇总									250770	
50	012-1-17 汇总									300430	
52	012-1-18 汇总									18564	
54	012-1-19 汇总									68445	
60	012-1-20 汇总									239333.25	
62	012-1-21 汇总									21294	
65	012-1-22 汇总									218107.5	

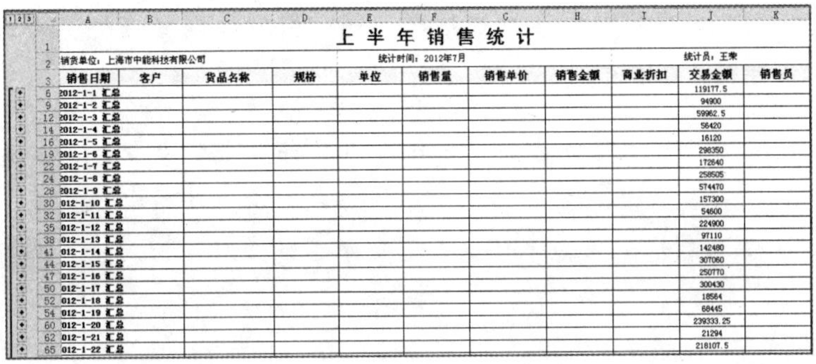

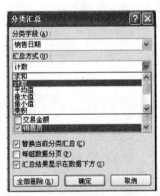

图7-24

当不需要分类汇总时，在“分类汇总”对话框中单击“全部删除”按钮即可删除分类汇总，如图7-25所示！

图7-25

7.7 各个规格产品销售数量、销售额统计

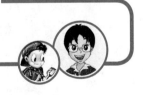

小强：下面我想利用分类汇总统计各个规格产品销售数量、销售额可以吗？

王哥：当然可以呀！在进行分类汇总前，首先要理清汇总目标，即根据实际需要确定要进行分类汇的字段。

小强：那我要统计各个规格产品销售数量、销售额是不是需要按"规格"字段来进行汇总？

王哥：不错。再次复制"销售数据统计"工作表，并将其重命名为"统计各规格产品交易金额"。按"规格"字段进行排序，选中"规格"列任意单元格，单击"数据"主菜单下的"升序"按钮，如图7-26所示。

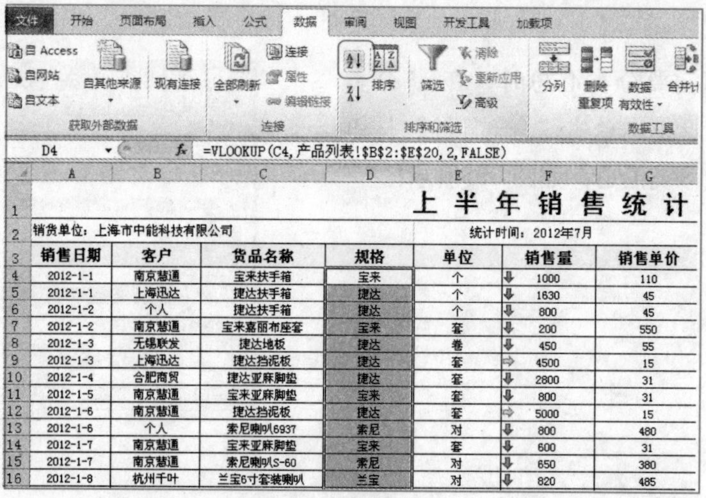

销售日期	客户	货品名称	规格	单位	销售量	销售单价

图7-26

排序完成后，选中数据编辑区域任意单元格，单击"数据"菜单下的"分类汇总"命令，如图7-27所示。

图7-27

打开"分类汇总"对话框，设置"分类字段"为"规格"、"汇总方

式"为"求和"、"选定汇总项"为"交
易金额"、"销售量",如图7-28所示。

设置完成后,单击"确定"按钮即
可汇总出各规格产品总销售量与总交易金
额,如图7-29所示。

单击页码"2"可以只显示分类汇总
结果,如图7-30所示。

图7-28

图7-29

图7-30

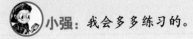王哥看着小强忙着记笔记,说道:**要懂思考和应用,才能更好地
去掌握。**

小强:我会多多练习的。

第8章
深入剖析高级数据分析工具

　　小强听完王哥的一番讲解，感觉脑子有点蒙。心里想，这仅是对销售数据的一个初步分析。

　　根据Boss之前的意思，很多地方都需要做出数据分析。现在该利用什么分析工具去展现才能进行相应的数据分析呢？

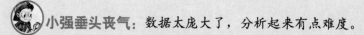

　　小强垂头丧气：数据太庞大了，分析起来有点难度。

　　王哥哈哈大笑：这就有难度了了啦？一张营销报表中，这些只不过是最简单的分析罢了。才刚开始，你就没有信心了，那这张报表还怎么做得下去？

8.1　熟悉并加载规划求解

　　小强：Boss之前还特意交代了，让我在做数据分析的时候要将"捷达地板"和"捷达挡泥板"这两种产品的最佳总销售额分析出来。可是我不知道该怎么分析？

　　王哥：这就要用到规划求解了，会用吗？

　　小强摇摇头：这个不会。什么是规划求解呀？平时在工作中也没有接触过。

　　王哥：现在我就和你来介绍。"规划求解"是一组命令的组成部分，这些命令有时也称作假设分析工具。借助"规划求解"，可求得工作表上某个单元格（被称为目标单元格）中公式（公式：单元格中的一系列值、单元格引用、名称或运算符的组合，可生成新的值。公式总是以等

号 (=) 开始）的最优值。"规划求解"将对直接或间接与目标单元格中公式相关联的一组单元格中的数值进行调整，最终在目标单元格公式中求得期望的结果。

它是在一定的限制条件下，利用科学方法进行运算，使对前景的规划达到最优的方法，是现代管理科学的一种重要手段，是运筹学的一个分支。

小强：王哥，真不好意思，这个概念有点含糊，您能不能给我解释下啊？

王哥："规划求解"通过调整所指定的可更改的单元格（可变单元格）中的值，从目标单元格公式中求得所需的结果。

在创建模型过程中，可以对"规划求解"模型中的可变单元格数值应用约束条件（约束条件："规划求解"中设置的限制条件。可以将约束条件应用于可变单元格、目标单元格或其他与目标单元格直接或间接相关的单元格），而且约束条件可以引用其他影响目标单元格公式的单元格。

使用Excel规划求解，可通过更改其他单元格来确定某个单元格的最大值或最小值。

小强听得很认真，突然发问：王哥，可是功能区有"规划求解"吗？我怎么没找到啊？

王哥笑笑说：忘记提醒你了，规划求解是Excel 2010的附加功能，首次使用时需要进行加载。

小强：怎么加载呀？

王哥：在"文件"选项卡下选择"选项"标签，打开"Excel选项"对话框，在"加载项"标签下，单击"转到"按钮，如图8-1所示。

图8-1

打开"加载宏"对话框，选中"规划求解加载项"复选框，单击"确定"按钮，如图8-2所示。

在"数据"的主菜单中，添加了"分析"选项组，显示了"规划求解"选项，如图8-3所示。

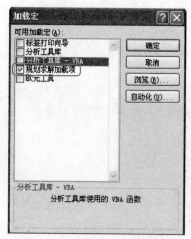

图8-2

图8-3

8.2 求解出两种产品的最佳总销售额

 小强：王哥，我还是有点迷糊。那这里我该怎么操作呢？

 王哥笑笑说：刚开始接触肯定有点难度，需要在工作中多实践。

求出两种产品的最佳总销售额，可以使用"规划求解"功能来实现。

Step 01 在进行规划求解前，先要建立好"两种产品的销售基本信息"规划求解模型。

在工作表中显示两种产品每件成本、销售单价、销售上线等基本信息，如图8-4所示。

	A	B	C	D	E
1	两种产品销售基本信息				
2	元/件	成本（元/件）	销售单价（元/件）	销售量	销售金额合计
3	捷达地板	25.00	55.00		0.00
4	捷达挡泥板	5.00	15.00		0.00
5					
6	每月成本限制额	1000000.00			
7	实际成本总额				
8	总收金额				

图8-4

Step 02 选中E3单元格，输入公式为：=C3*D3，计算出捷达地板产品毛利合计（因为当前销售量未知，所以显示为0），如图8-5所示。

E3		fx	=C3*D3		
	A	B	C	D	E
1	两种产品销售基本信息				
2	元/件	成本（元/件）	销售单价（元/件）	销售量	销售金额合计
3	捷达地板	25.00	55.00		0.00
4	捷达挡泥板	5.00	15.00		
5					
6	每月成本限制额	1000000.00			
7	实际成本总额				
8	总收金额				

图8-5

选中E4单元格，输入公式为：=C4*D4，计算出捷达挡泥板毛利合计（因为当前销售量未知，所以显示为0），如图8-6所示。

	A	B	C	D	E	F
	E4		*fx* =C4*D4			
1	两种产品销售基本信息					
2	元/件	成本（元/件）	销售单价（元/件）	销售量	销售金额合计	
3	捷达地板	25.00	55.00		0.00	
4	捷达挡泥板	5.00	15.00		0.00	
5						
6	每月成本限制额	1000000.00				
7	实际成本总额					
8	总收金额					

图8-6

选中B7单元格，输入公式：=B3*D3+B4*D4，计算出实际成本总额（因为当前销售量未知，所以显示为0），如图8-7所示。

	A	B	C	D	E
	B7		*fx* =B3*D3+B4*D4		
1	两种产品销售基本信息				
2	元/件	成本（元/件）	销售单价（元/件）	销售量	销售金额合计
3	捷达地板	25.00	55.00		0.00
4	捷达挡泥板	5.00	15.00		0.00
5					
6	每月成本限制额	1000000.00			
7	实际成本总额	0.00			
8	总收金额				

图8-7

选中B8单元格，输入公式为：=E3+E4，两种产品的总销售（因为当前销售量未知，所以显示为0），如图8-8所示。

	A	B	C	D	E
	B8		*fx* =E3+E4		
1	两种产品销售基本信息				
2	元/件	成本（元/件）	销售单价（元/件）	销售量	销售金额合计
3	捷达地板	25.00	55.00		0.00
4	捷达挡泥板	5.00	15.00		0.00
5					
6	每月成本限制额	1000000.00			
7	实际成本总额	0.00			
8	总收金额	0.00			

图8-8

小强：模型建立好了，那接下来呢？

王哥：不用着急。建立好规划求解模型后，接下来在"规划求解参数"对话框中具体设置目标单元格、可变单元格等进行规划求解，从而求解出两种产品最佳销售额。

在"数据"主菜单中的"分析"选项组中，单击"规划求解"命令按钮，打开"规划求解参数"对话框。单击"设置目标"右侧的拾取器按钮回到工作表中选择需要的单元格，如选择"B8"单元格。

单击"通过更改可变单元格"右侧的拾取器，设置可变单元格为"D3:D4"单元格区域（显示生产量的单元格）。

单击"添加"按钮，打开"添加约束"对话框，设置条件为"B7<=B6"，表示实际成本耗费额不能超过每月成本限额。

单击"添加"按钮即可添加该该项约束条件，继续在"添加约束"对话框中，设置条件为"D3:D4>=0"，表示生产量值大于0，单击"确定"按钮即可添加该项约束条件。

约束条件设置完成后，如图8-9所示，单击"求解"按钮。

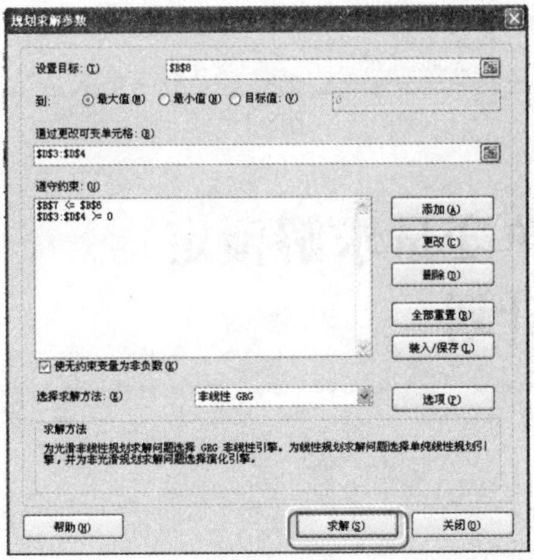

图8-9

打开"规划求解结果"对话框，单击"确定"按钮，完成规划求解，如

图8-10所示。

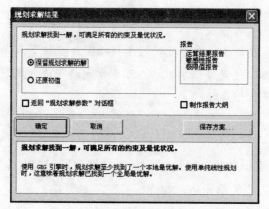

图8-10

从求解结果中可以看到在目标的销售条件下,本月应只销售捷达挡泥板200000件,可以获取最大销售额为3000000,如图8-11所示。

⚪	A	B	C	D	E
1	两种产品销售基本信息				
2	元/件	成本(元/件)	销售单价(元/件)	销售量	销售金额合计
3	捷达地板	25.00	55.00	0.00	0.00
4	捷达挡泥板	5.00	15.00	200000.00	3000000.00
5					
6	每月成本限制额	1000000.00			
7	实际成本总额	1000000.00			
8	总收金额	3000000.00			

图8-11

8.3 利用单变量求解预定销售计划

小强:报表中统计的不是上半年的销售量嘛?而且每件产品的利润大概在20元,该怎样预测下个月的销售量呢?

王哥: 在Excel 2010中可以使用单变量求解，单变量求解是根据提供的目标值，将引用单元格的值不断调整，直至达到所需要的公式目标值时，变量的值才能确定。

小强: 那这里该怎么预测呢？

王哥: 那首先要计算出上半年产品销售量的利润额。选中H3单元格，在公式编辑栏中输入公式：

```
=(A3+B3+C3+D3+E3+F3+G3)*20
```

按回车键，即可计算，如图8-12所示。

	A	B	C	D	E	F	G	H
	H3 ▼ fx =(A3+B3+C3+D3+E3+F3+G3)*22							
1	预测7月产品销售量							
2	1月销售量	2月销售量	3月销售量	4月销售量	5月销售量	6月销售量	7月销售量	销售利润额（元）
3	521	508	608	419	500	466		66484
4								

图8-12

接着切换到"数据"选项卡下的"数据工具"选项组，单击"模拟分析"按钮，在下拉菜单下单击"单变量求解"选项，如图8-13所示。

图8-13

打开"单变量求解"对话框，在"目标单元格"框中输入E3，在"目标值"框中输入800000，在"可变单元格"框中输入$D$3，设置完成后，单击"确定"按钮，即可根据设置的参数条件进行单变量求解计算，如图8-14所示。

图8-14

单击"确定"按钮，则当产品最大利润额为10万元时，7月份的销售量应为1523件，如图8-15所示。

	A	B	C	D	E	F	G	H
				预测7月产品销售量				
1	1月销售量	2月销售量	3月销售量	4月销售量	5月销售量	6月销售量	7月销售量	销售利润额（元）
3	521	508	608	419	500	466	1523	100000
4								
5								

G3 ▼ *fx* 1523.45454545455

图8-15

小强：这么简单就算出来了啊。

提示　在Excel 2010的默认状态下，"单变量求解"命令在它执行100次求解与指定目标值的差在0.001之内时停止计算。如果不需要这么高的精度，可以单击Office按钮，在打开的菜单中单击"Excel选项"按钮，打开"Excel选项"对话框，切换到"公式"标签，在其中修改"最多迭代次数"和"最大误差"框中的值。

8.4 利用单变量数据表运算员工的业绩奖金

小强：那根据产品销售金额和奖金提成率，计算员工的业绩奖金如何实现呢？

▸| 深入剖析高级数据分析工具

王哥：模拟运算表用过吗？

小强：没有。

王哥：模拟运算表有两种类型，一种类型是单变量模拟运算表，还有一种类型是双变量模拟运算表。

这里要采用的是单变量模拟运算表，单变量模拟运算表中，可以对一个变量输入不同的值，从而查看它对一个或多个公式的影响。

小强：你帮我看看，之前已经制作了表格，并输入相关的销售金额、奖金提成率等数据，对单元格也进行初始化设置过，可是不知道该怎么运算，如图8-16所示。

	A	B	C	D
1	**销售业绩奖金计算模型**			
2	销售金额：	30000		
3	奖金提成率：	4.00%		
4	业绩奖金：	1200		
5				
6	**销售金额**	**业绩奖金**		
7		1200		
8	40000			
9	55000			
10	70000			
11	80000			
12	100000			

图8-16

王哥看了一眼：下面我来和你说下具体的设置。

Step 01 选中A7：B12单元格区域，在"数据"选项卡下的"数据工具"选项组中单击"模拟分析"按钮，在下拉菜单中选中"模拟运算表"选项，如图8-17所示。

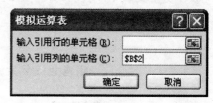

图8-17

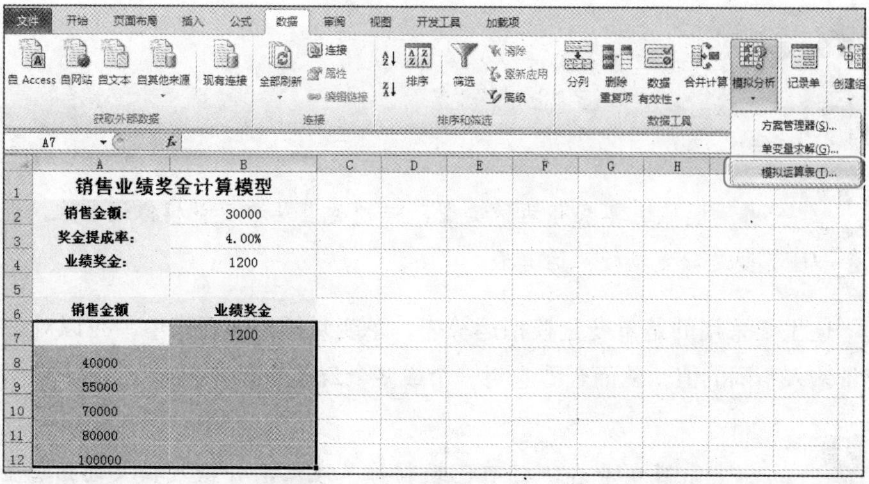

Step 02 打开 "数据表" 对话框，单击 "输入引用列的单元格" 后的拾取器按钮，进入数据源选取状态，选中$B$2单元格，选中后，单击拾取器按钮返回到 "模拟运算表" 对话框中，并

图8-18

将选中的$B$2单元格显示在 "输入引用列的单元格" 框中，如图8-18所示。

Step 03 单击 "确定" 按钮，即可求出不同销售金额时的员工业绩奖金，如图8-19所示。

图8-19

8.5 利用双变量数据表运算员工的业绩奖金

王哥：在你设计报表之前，Boss应该和你说过要根据产品销售金额和浮动奖金提成率，来计算员工的业绩奖金吧。

小强点点头：是啊，可是那样我更不知道怎么来计算了。

王哥：前面不是和你说了，模拟运算表还有一种类型是双变量模拟运算表吗？

小强：是的。

王哥：双变量模拟运算表就可以来实现啊！

小强高兴地说到：还请王哥指教啊！

王哥：了解了单变量模拟运算表运算，这里就简单多了。

Step 01 在表格中输入相关的销售金额、浮动奖金等数据，并对单元格进行初始化设置。

分别在B4和A7单元格中设置公式=B2*B3，然后按回车键，即可计算出奖金提成率为4%时，销售金额为30000的业绩奖金，如图8-20所示。

Step 02 选中A7：E12单元格区域，在"数据"选项卡下的"数据工具"选项组中单击"模拟分析"按钮，在下拉菜单中选中"模拟运算表"选项，如图8-21所示。

Step 03 打开"数据表"对话框，单击"输入引用列的单元格"后的拾取器按钮，进入数据源选取状态，选中$B$3单元格，选中后，单击拾取器按钮返回到"数据表"对话框中，并将选中的$B$2单元格显示在"输入引用列的单元格"框中。

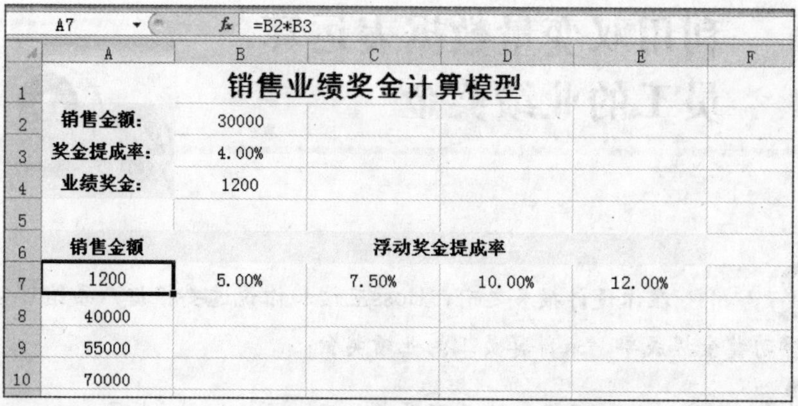

图8-20

图8-21

设置完成后，则在"输入引用行的单元格"和"输入引用列的单元格"中分别显示选中的双变量条件单元格，如图8-22所示。

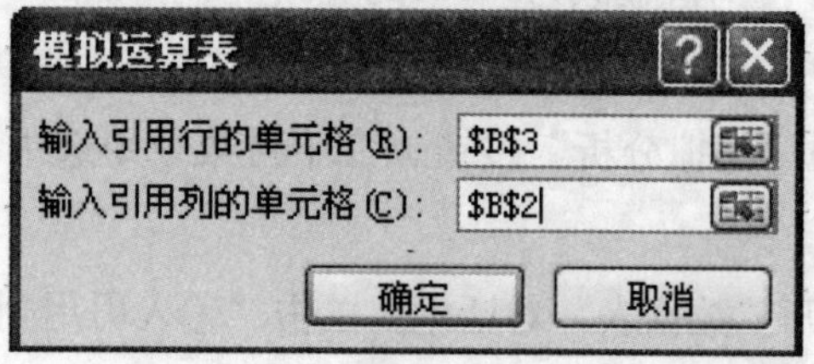

图8-22

单击"确定"按钮，即可根据销售求出不同销售金额时的员工业绩奖金，如图8-23所示。

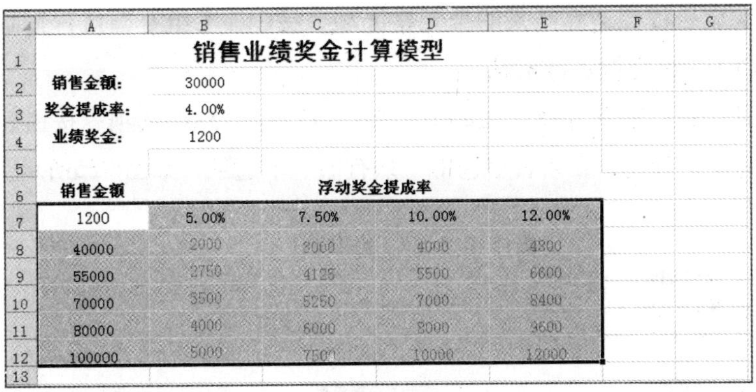

图8-23

王哥接着说：有没有发现，单变量模拟运算的结果保存为类似于
"{=TABLE(,B2)}"、"{=TABLE(B2,)}"这样的形式；双变量模拟运算的
结果保存为类似于"{=TABLE(H10，H11)}"这样的形式？如图8-24所示。

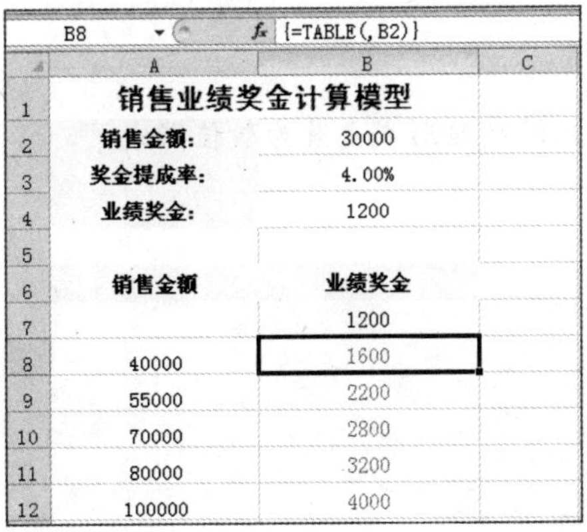

图8-24

小强：那这样单元格中的值不就容易改变。

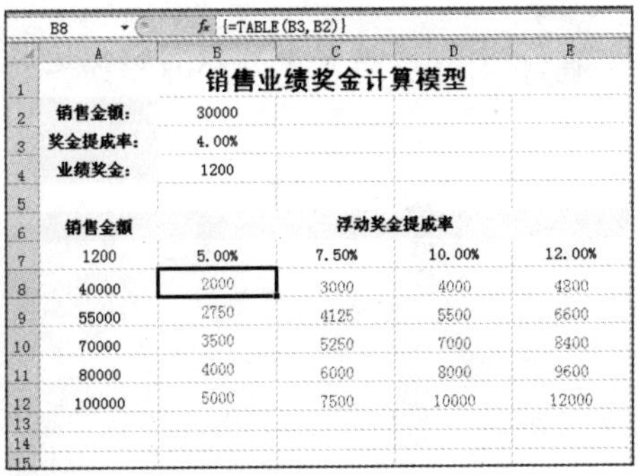

王哥：是啊，这就是我接下来要提示你的。

在模拟运算返回的单元格区域中，不允许随意更改单个单元格的值，要
对其进行编辑操作，则需要将其转换为常量。

选定显示模拟运算结果的单元格区域，按Ctrl+C组合键执行复制操作，然后按Ctrl+V组合键进行粘贴。

此时，在粘贴单元格区域的右下角出现一个"粘贴选项"按钮，单击该按钮打开下拉列表，在列表中选中"只有值"单选项，如图8-25所示。

	A	B	C	D	E	F	G
1		**销售业绩奖金计算模型**					
2	销售金额：	30000					
3	奖金提成率：	4.00%					
4	业绩奖金：	1200					
5							
6	销售金额		浮动奖金提成率				
7	1200	5.00%	7.50%	10.00%	12.00%		
8	40000	2000	3000	4000	4800		
9	55000	2750	4125	5500	6600		
10	70000	3500	5250	7000	8400		
11	80000	4000	6000	8000	9600		
12	100000	5000	7500	10000	12000		
13							
14							
15							

图8-25

小强：这样就可以将模拟运算结果的数组形式更改为数值形式了。

第**9**章
灵动分析——使用数据透视表分析庞大数据更有效

王哥：Excel自带的数据分析工具有很多，在处理数据的时候要对自己的目的有清晰的认识，才知道怎样去实现。

小强，记得前面介绍说过数据透视表吧？

小强：记得。数据透视表是一种交互式的表，能够将筛选、排序和分类汇总等操作依次完成，生成汇总表格，是Excel强大数据处理能力的具体体现。

王哥：还不错嘛，这你都知道啊！

数据透视表是分析数据的一种方法，它将排序、筛选和分类汇总3项功能结合起来，如图9-1所示，对数据清单或外来数据源重新组织和计算以多种不同形式显示出来使用户进一步理解数据的内涵。

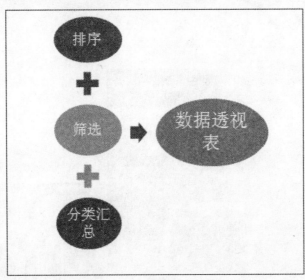

图9-1

小强笑着说：当然知道了，数据透视表能够快速对报表中大量数据进行分类汇总，我在报表中就用到了，王哥，你帮忙看看！

9.1 让创建的数据透视表更合理

听小强这么一说，王哥心里想，这小子还会使用数据透视表啊，于是连忙翻看小强创建的数据透视表……

1. 选择放置数据透视表的位置

小强连忙问：王哥，怎么样啊？

王哥皱着眉头说：数据透视表是这样创建的没有错。

但是你在选择放置数据透视表的位置的时候有些不合理（如图9-2所示），数据这么繁琐，干嘛要放在一张工作表呢？

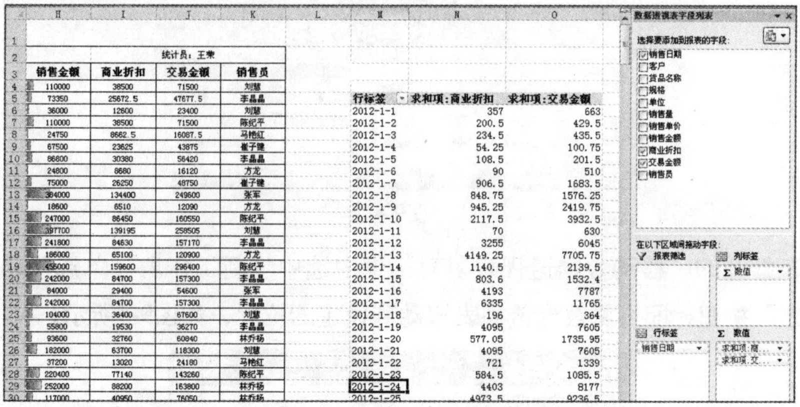

图9-2

小强：那该怎么放置啊？

王哥：看来你对数据透视表的相关设置掌握得还不是很熟练。在创建数据透视表的时候，就应该选择一个新工作表作为放置透视表的位置。

打开在"创建数据透视表"对话框，在对话框"选择放置数据透视表的位置"中选择"新工作表"，如图9-3所示。

图9-3

只要记得，数据源较小、维度较少，则可选择现有工作表；如果数据较大，维度较多，则可选择新建工作表。

对于已经创建好的数据透视表，这里可以使用"移动数据透视表"功能。单击"选项"标签，在"操作"选项组中单击"移动数据透视表"按钮，如图9-4所示。

图9-4

在打开的"移动数据透视表"对话框中选中"新工作表"单选项，单击"确定"按钮，即可将数据透视表移动到设定的位置，如图9-5所示。

图9-5

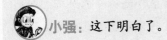小强：这下明白了。

2. 分析数据数据透视表何时更佳

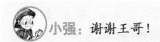

王哥：你知道日常工作中什么时候需要用到数据透视表吗？

小强：对于数量众多、以流水账形式记录、结构复杂的工作表，可以创建数据透视表来分析。

王哥：不错，这里你列出一些需要用数据透视表分析的情况，如图9-6所示。

	以优化式查询大量数据
数 据 透 视 表 用 途	对数据进行分类汇总和聚合，按分类和子分类对数据进行汇总，创建自定义算公式
	展开或折叠要关注结果的数据级别，查看感兴趣的区域汇总数据明细
	将行移动到列或将列移动到行（或"透视"），以查看源数据不同汇总
	对最有用的最关注的数据子集进行排序、筛选、分组和条件格式设置
	需要提供简明、有吸引力且带有批注的联机报表或打印报表

图9-6

小强：谢谢王哥！

9.2 分析员工销售业绩

王哥：在创建数据透视表后，就可以通过设置字段得到相应的分析数据（如图9-7所示）。你这里要分析的是什么？

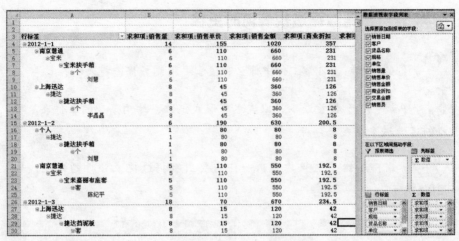

图9-7

小强不好意思地说：销售员的销售业绩。

王哥：你这样选择字段也太笼统了！

字段的设置是建立数据透视表的关键所，根据不同的分析要求，设置的字段各不相同。

例如这里要分析销售员的销售业绩。首先在新工作表中建立空白的数据透视表框架后，将数据透视表重命名为"员工销售业绩透视表"，如图9-8所示。

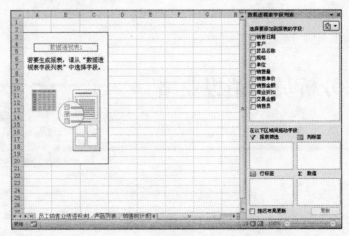

图9-8

设置"销售员"为行标签，选中"销售员"字段并单击鼠标右键，选择"添加到行标签"命令。按相同方法设置"规格"与"货品名称"为行标签，如图9-9所示。

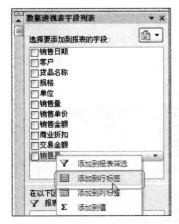

图9-9

接着设置"数值"字段，可以看到每位员工销售的产品销售量、商业折扣、交易金额，并统计出总计值，如图9-10所示。

行标签	求和项:销售量	求和项:商业折扣	求和项:交易金额
⊟陈纪平	169	15389.5	28580.5
⊟宝来	75	2887.5	5362.5
宝来嘉丽布座套	75	2887.5	5362.5
⊟索尼	94	12502	23218
索尼喇叭S-60	94	12502	23218
⊟崔子键	941	6715.45	12471.55
⊟捷达	941	6715.45	12471.55
捷达挡泥板	624	3276	6084
捷达扶手箱	317	3439.45	6387.55
⊟方龙	502	22701.5	43488.5
⊟宝来	455	7868	14612
宝来挡泥板	335	6566	12194
宝来亚麻脚垫	120	1302	2418
⊟灿晶	47	14833.5	28876.5
灿晶800伸缩彩显	47	14833.5	28876.5
⊟李晶晶	341	55694.25	104760.75
⊟灿晶	60	19065	36735
灿晶870伸缩彩显	60	19065	36735
⊟捷达	201	2749.25	5105.75
捷达扶手箱	116	1827	3393
捷达亚麻脚垫	85	922.25	1712.75
⊟索尼	80	33880	62920
索尼400内置VCD	80	33880	62920
⊟林乔杨	322	226118.2	420013.8
⊟阿尔派	275	225225	418275
阿尔派758内置VCD	275	225225	418275

图9-10

为了使表达效果更加直观，可以重新设置行标签的布局（默认添加的行标签字段是竖排的）。选中"销售员"字段，选中"数据透视表工具→选项"菜单，单击"字段设置"按钮，如图9-11所示。

在打开的"字段设置"对话框选择"布局和打印"标签，分别选中指定的单选项与复选项，如图9-12所示。

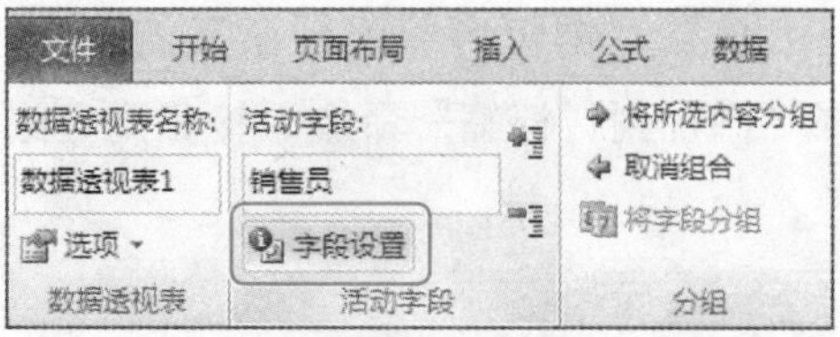

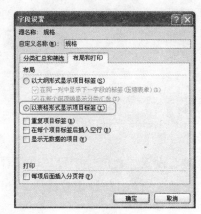

图9-11

单击"确定"后选中"规格"字段，单击"字段设置"按钮，打开"字段设置"对话框，选中"以表格形式显示项目标签"单选项，如图9-13所示。

图9-12

图9-13

设置完成后，行标签水平显示，如图9-14所示。

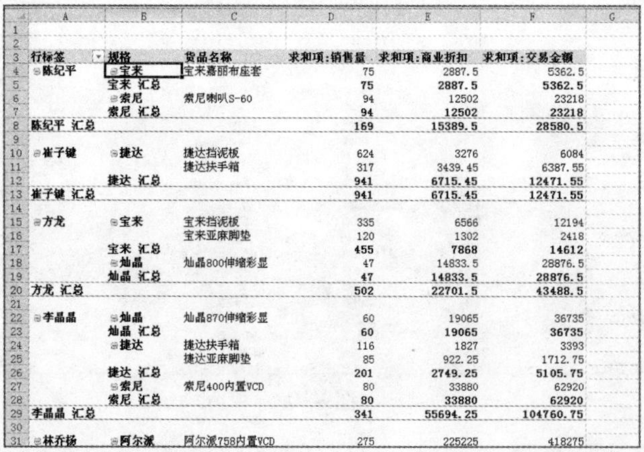

图9-14

通过添加筛选字段可以有选择地查看记录，如此处添加"销售日期"为筛选字段，则可以任意查看每个日期各位员工的销售情况，如图9-15所示。

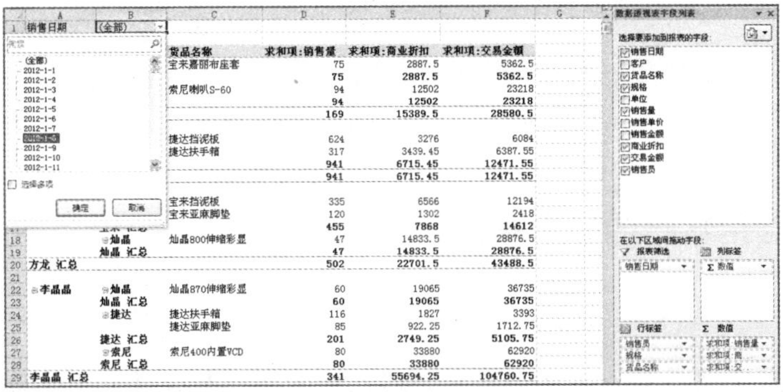

图9-15

筛选出指定日期的销售记录，单击“确定”即可显示指定日期的销售记录，如图9-16所示。

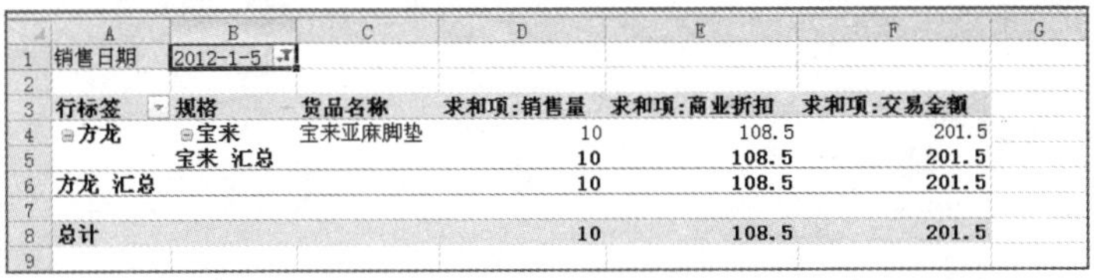

	A	B	C	D	E	F	G
1	销售日期	2012-1-5					
2							
3	行标签	规格	货品名称	求和项:销售量	求和项:商业折扣	求和项:交易金额	
4	方龙	宝来	宝来亚麻脚垫	10	108.5	201.5	
5		宝来 汇总		10	108.5	201.5	
6	方龙 汇总			10	108.5	201.5	
7							
8	总计			10	108.5	201.5	
9							

图9-16

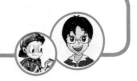

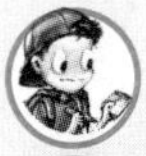小强急切地问道：如果要同时显示某几日的销售记录如何操作呢？

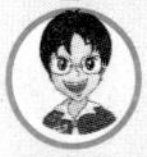王哥：如果要同时显示某几日的销售记录，可以先选中“选择多项”复选框，各日期前则会显示复选框，此时则可一次性选择显示多天的销售记录。

9.3 数据透视表优化设置

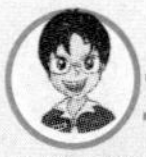王哥：完成上面的设置之后，接着可以对透视表进行优化设置，从而使得透视表的显示效果更加直观。

小强，Excel 2010中也内置了多种数据透视表样式，你知道吗？

小强摇摇头： 不知道。我每次都是手工设置的。

1. 套用数据透视表样式

王哥： 那你可得好好学了。选择“数据透视表工具→设计”菜单，在“数据透视表样式”选项组中的列表中选择一种合适的数据透视表样式，如图9-17所示。

图9-17

接着数据透视表的样式就会变成设置的样式，如图9-18所示。

	A	B	C	D	E	F
1	销售日期	(全部)				
2						
3	行标签	规格	货品名称	求和项:销售量	求和项:商业折扣	求和项:交易金额
4	⊟陈纪平	⊟宝来	宝来踏部布座套	75	2887.5	5362.5
5		宝来 汇总		75	2887.5	5362.5
6		⊟索尼	索尼喇叭S-60	94	12502	23218
7		索尼 汇总		94	12502	23218
8	陈纪平 汇总			169	15389.5	28580.5
9						
10	⊟崔子键	⊟捷达	捷达挡泥板	624	3276	6084
11			捷达扶手箱	317	3439.45	6387.55
12		捷达 汇总		941	6715.45	12471.55
13	崔子键 汇总			941	6715.45	12471.55
14						
15	⊟方龙	⊟宝来	宝来挡泥板	335	6566	12194
16			宝来亚麻脚垫	120	1302	2418
17		宝来 汇总		455	7868	14612
18		⊟灿晶	灿晶800伸缩彩显	47	14833.5	28876.5
19		灿晶 汇总		47	14833.5	28876.5
20	方龙 汇总			502	22701.5	43488.5
21						
22	⊟李晶晶	⊟灿晶	灿晶870伸缩彩显	60	19065	36735
23		灿晶 汇总		60	19065	36735
24		⊟捷达	捷达扶手箱	116	1827	3393
25			捷达亚麻脚垫	85	922.25	1712.75
26		捷达 汇总		201	2749.25	5105.75
27		⊟索尼	索尼400内置VCD	80	33880	62920
28		索尼 汇总		80	33880	62920
29	李晶晶 汇总			341	55694.25	104760.75
30						
31	⊟林乔杨	⊟阿尔派	阿尔派758内置VCD	275	225225	418275

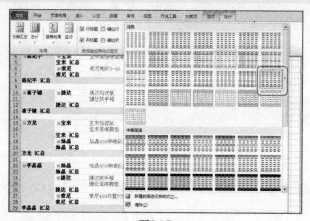

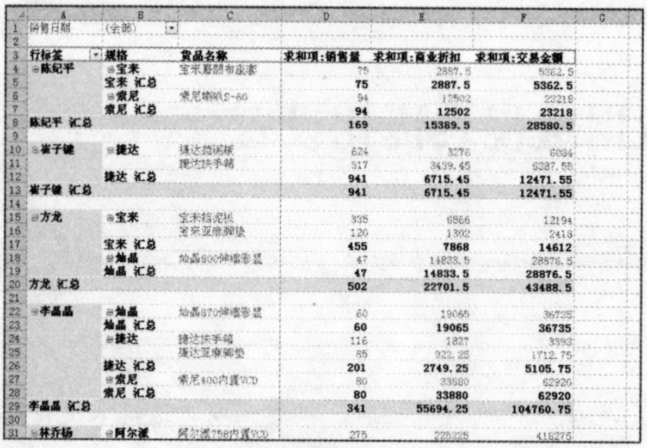

图9-18

2. 根据需要自定义数据透视表样式

小强：如果Excel 2010自带的数据透视图样式不能满足需求呢？

王哥笑着说：这个问题问得好，如果不能满足需求，可以根据实际需要自定义数据透视表样式。

在数据透视表中选中任意一个单元格，单击"设计"标签，在"数据透视表样式"选项组中的列表右下角单击▾按钮，在弹出的菜单底部选择"新建数据透视表样式"命令，如图9-19所示。

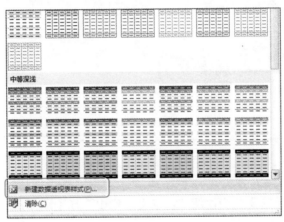

图9-19

打开"新建数据透视表快速样式"对话框。在打开的"新建数据透视表快速样式"对话框中的"名称"文本框中输入新建数据透视表的名称。在"表元素"列表框中选择需要设置的表元素，这里选择"整个表"，如图9-20所示。

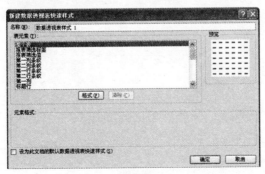

图9-20

单击"格式"按钮，在打的"设置单元格格式"对话框中包含"字体"、"边框"、"填充"三个标签，在这三个标签中可以分别对数据透视表的字体、边框和填充颜色进行设置。设置完成后单击"确定"按钮，返回到"新建数据透视表快速样式"对话框中，单击"确定"按钮，即可完成新数据透视表样式的设置，如图9-21所示。

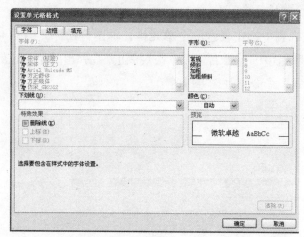

图9-21

单击"设计"标签，在"数据透视表样式"选项组中的列表右下角单击 按钮，在弹出的菜单的顶部"自定义"栏中选择刚刚新建的数据透视表样式，如图9-22所示。

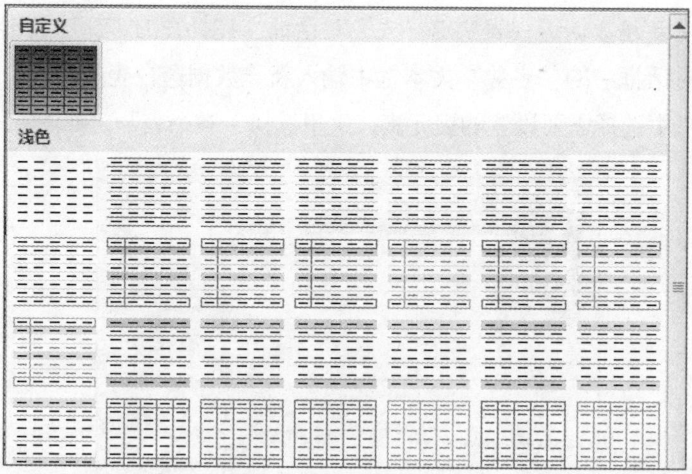

图9-22

提示 如果不再需要自定义的数据透视表样式了，可以单击"设计"标签，在"数据透视表样式"选项组中的列表中使用鼠标右键单击需要删除的样式，选择"删除"命令即可。

9.4 用数据透视表建立客户汇总表

小强： 在数据透视表里可以建立客户汇总表吗？

王哥： 当然可以呀，其实这个很简单。其关键之处仍然在于行、列字段的设置。

小强： 那首先是不是建立空白的数据透视表？

王哥： 对，新建数据透视表并重命名为"客户汇总透视表"，设置列标签、行标签、数值字段。

　　此处要分析各客户的购买情况，因此需要将"客户"作为第一个行标签显示，如图9-23所示。

图9-23

选中"销售员"字段，选中"数据透视表工具→选项"菜单，单击"字段设置"按钮，如图9-24所示。

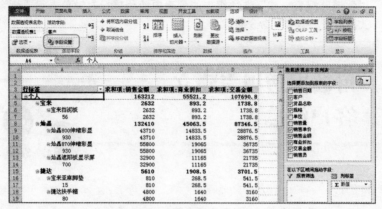

图9-24

打开"自动设置"对话框，在对话框中选择"布局和打印"标签，分别选中指定的单选项与复选项，如图9-25所示。

图9-25

将"行标签"文字更改为"客户"，对表格的格式进行优化设置，前面已经介绍过，这里也就不做介绍了。

小强迫不及待地问道： 那接下来是不是就可以通过添加筛选字段来查看记录了？

王哥看着小强认真的样子笑着说道：是啊，接着设置"销售员"为筛选字段，如图9-26所示。

图9-26

单击"销售员"下拉按钮打开下拉菜单，选中要显示的"经办人"，显示"刘慧"销售员的客户记录，如图9-27所示。

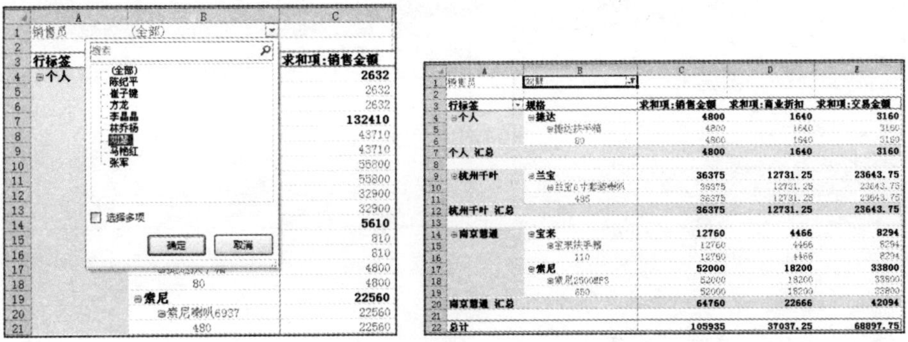

图9-27

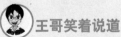

小强：数据透视表用起来真是方便，处理数据时，可以使表格看起来一目了然、印象深刻。其实只要掌握了基本操作，很多操作都是大同小异的。这里都是用同一数据源创建这几个数据透视表的。

王哥笑着说道：是啊，那你就要多多练习了。

说到用同一数据源创建这多个数据透视表，其实可以用共享数据透视表缓存的方法，使多个数据透视表共享同一数据透视表缓存。

在已创建某个数据透视表的情况下，如果要用相同的数据源创建新的数据透视表，用常规的方法来创建，会增大数据透视表缓存，从而使内存用量和文件体积增大。

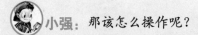 小强：那该怎么操作呢？

王哥：选择需要放置新的数据透视表的工作表和单元格。按"Alt+D"组合键，接着再按"P"键，启动"数据透视表和数据透视图向导——步骤1（共3步）"，如图9-28所示。

单击"下一步"按钮，在"数据透视表和数据透视图向导--步骤之2（共3步）"对话框中，选择需要共享缓存的数据透视表，如图9-29所示。

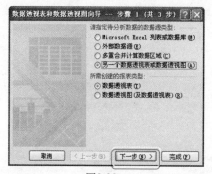

图9-28

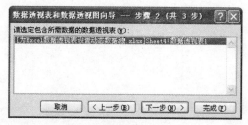

图9-29

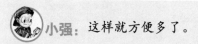 小强：这样就方便多了。

提示 共享数据透视表缓存也存在一些弊端。例如刷新某个数据透视表后，共享缓存的数据透视表都会被自动刷新。另外，在某一个数据透视表中增加计算字段、增加计算项、组合字段或取消字段组合时，都会影响到其他共享缓存的数据透视表。

9.5 解决更新数据源后数据透视表不能相应更新的问题

小强翻看着报表中的数据透视表，捣鼓了一遍，突然问道：王哥，这里我还有个问题。

王哥笑着说：说吧。

小强：当对数据透视表的数据源进行更新后，其结果并不能直接应用于数据透视表中？

王哥看出小强这么用心，开心地说道：你要是不提醒我，我还忘记和你说呢。

当对数据透视表的数据源进行更新后，此时需要通过数据透视表选项进行设置，以实现下次更改数据源后，数据透视表也做相应更改。

小强：那怎么设置啊？

王哥：选中数据透视表，单击"选项"选项卡，在"数据透视表"选项组中选中"选项"命令，如图9-30所示。

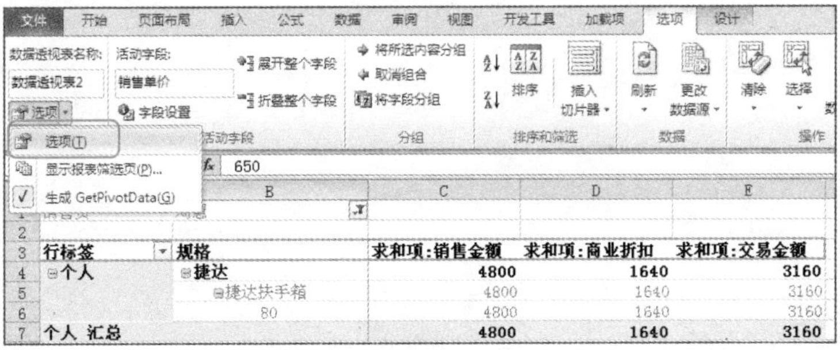

图9-30

　　打开"数据透视表选项"对话框。选中"数据"标签，选中"启用显示明细数据"复选框，如图9-30所示。

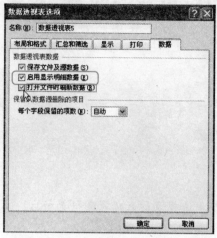

图9-30

　　王哥：是不是很简单呀？没有想象中那么难吧？

　　小强：是啊，王哥，真是不得不佩服你啊！什么问题到你那都能迎刃而解。

　　王哥哈哈大笑：那是因为数据透视表功能强大。可以让你免去那些令人头疼的数据分析，让我们工作起来更方便、更高效！

第**10**章
制胜数据表现力
——数据图表应该
这么设计

小强看着在王哥指导下设计的报表，自认为已经很完美了，心里想着应该也可以让Boss满意。

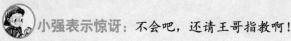

小强压抑不住内心的激动，对王哥说：王哥，这报表可以交给大Boss了吧！

王哥瞅了一眼小强：你还蛮自信的嘛，这样你就敢交上去了，你也不怕惹怒了大Boss吗？

小强表示惊讶：不会吧，还请王哥指教啊！

10.1 了解图表类型与对象

王哥皱着眉头说：你看看，这就是你设计的图表吧？这样太简单了，如图10-1所示，就这样的图表你都敢交给Boss呀？

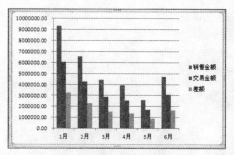
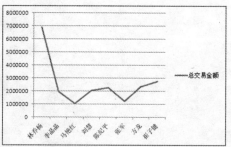

图10-1

图表泛指在屏幕中显示的，可直观展示统计信息属性（时间性、数量性等），对知识挖掘和信息直观生动感受起关键作用的图形结构，是一种很好地将对象属性数据直观、形象"可视化"的手段。

这里将销售金额与交易金额和员工销售业绩单独提取出来。如果能够合理地选择图表类型，在处理数据时，可以使表格更具有生命力了，这样也能让Boss一目了然、印象深刻啊：而你这个图表跟我们公司员工呈给大Boss的图表大致差不多。

1. 图表类型

小强：那有什么方法可以突破常规，制作出有专业外观的图表呢？

王哥：小强，我先来考考你，你知道学习和工作中经常用到的图表有哪些吗？

小强想起自己平时在网站、书籍上见过的图表，答道：据我自己的了解和归纳，应该有饼图、柱形图、条形图、折线图、散点图等几大类。

王哥：还有一个最基础的——表格，我们常说的图表就是图形加表格，如图10-2所示。柱形图、条形图、折线图、饼图、散点图以及表格是六类最基本图表，很多复杂的图表都是从这些最基本的图表衍生出来的。

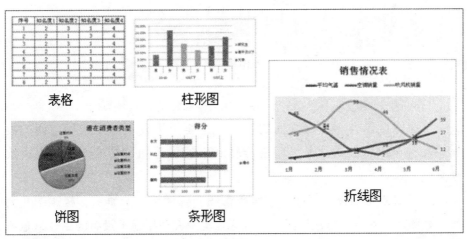

表格　　柱形图　　折线图

饼图　　条形图

图10-2

169

2. 图表对象

小强：那你能和我说说这些图表都在什么情况下适用呢？

王哥笑着说：嗯，这就是我接下来要和你说的。

➡ 柱形图的对象

柱形图用来显示一段时间内数据的变化或者描述各项目之间的数据比较。它强调一段时间内类别数据值的变化。

柱形图分为二维柱形图、三维柱形图、圆柱图、圆锥图、棱锥图几大类，如图10-3所示。二维柱形图显示的是二维平面图，三维柱形图显示的是三维立体图……这几类图表在用途上没有区别，只是柱的形状不同而已。

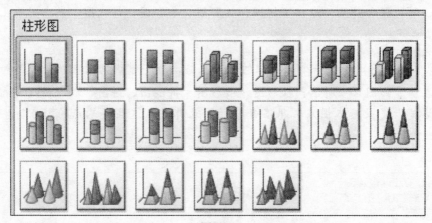

图10-3

➡ 条形图的对象

条形图显示各个项目之间的对比，主要用于表现各个项目之间的数据差额，可以将其看成是顺时针旋转90°的柱形图，与柱形图的表达效果类似。

条形图分为二维柱形图、三维条形图、圆柱图、圆锥图、棱锥图几大类，如图10-4所示，与柱形图一样，这几类图表在用途上没有区别，只是条状各不相同。

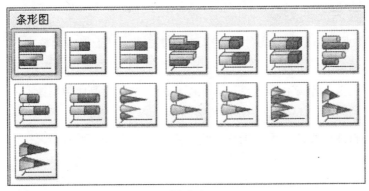

图10-4

→ 折线图的对象

折线图显示的是线条的效果，因此非常适合显示数据的变化趋势，强调的是时间性和变动率

折线图有7种类型，分别为折线图、堆积折线图、百分比折线图、带数据标记的直线图、带数据标记的堆积折线图、带数据标记的百分比折线图、三维折线图，如图10-5所示。

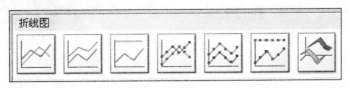

图10-5

→ 饼图的对象

饼图将一个圆环分割成多个部分，并填充不同的颜色或图案，可以非常直观地显示出单一数据占总数的百分比情况。饼图只能显示一个系列的数据比例关系，如果有几个系列同时被选中，则只会显示其中一个系列。

饼图有6种类型，分别为饼图、三维饼图、复合饼图、分离型饼图、分离型三维饼图、复合条饼图，如图10-6所示。

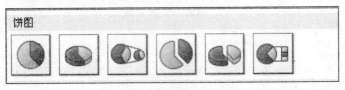

图10-6

➜ 散点图的对象

　　XY散点图用于展示成对的数据之间的关系。对于每一对数字，一个数被绘制在垂直轴上，而另一个被绘制在水平轴上。它与其他图表都不一样，因此要根据当前数据源合理选择，散点图也经常用于绘制函数图像。

　　XY散点图有5种类型，分别为散点图、平滑线散点图、无数据点平滑线散点图、折线散点图、无数据点折线散点图，如图10-7所示。

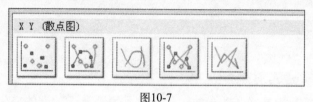

图10-7

10.2 建立柱形图比较销售与交易金额

　　小强： 平时我会尽量多去了解图表，我觉得，简单、没有太多元素和一眼看出重点的图表比较能吸引人。

　　王哥： 的确，图表的美化要遵循简约、整洁、对比的原则。

　　小强： 在报表中按月份统计各个销售金额、交易金额以及差额的数据表，如图10-8所示。那该如何建立图表比较销售与交易金额呢？

销售与交易金额						
月份	1月	2月	3月	4月	5月	6月
销售金额	9334032.00	6566510.00	4424411.00	3922474.00	2582577.00	4718379.00
交易金额	6067120.80	4268231.50	2875867.15	2549608.10	1678675.05	3066946.35
差额	3266911.20	2298278.50	1548543.85	1372865.90	903901.95	1651432.65

图10-8

王哥：按照此数据表可以建立柱形图来比较各个月份的销售金额、交易金额以及差额。

Step 01 选择A2:G5单元格区域，单击"插入"主菜单，在"图表"选项组中单击"柱形图"按钮，打开下拉菜单，选择"簇状柱形图"选项，如图10-9所示。

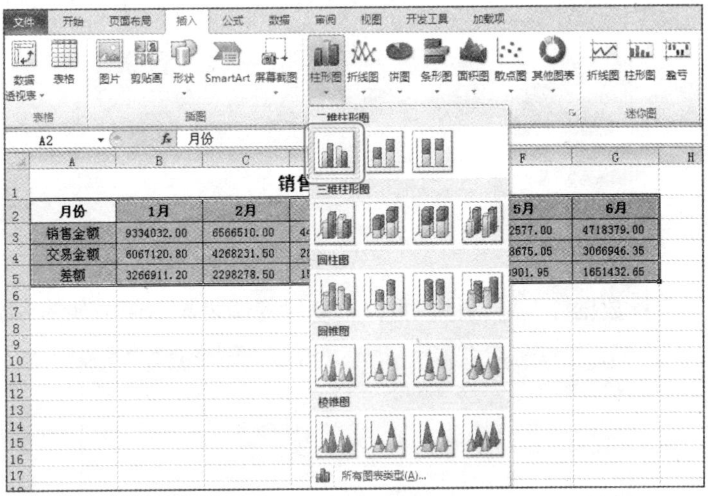

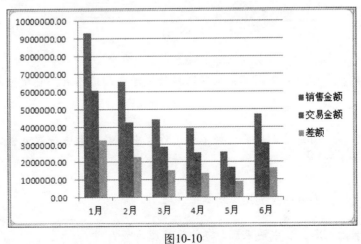

图10-9

单击选择的图表类型后，图表立即被创建，如图10-10所示。

图10-10

王哥：图表比数据的表达性要强烈很多。它不仅可以直观地显示数据，还可以根据需要来对数据源进行更改。

小强：创建图表后还可以直接更改吗？

王哥：当然可以。创建图表后自动激活"图表工具"选项卡，在"设计"选项卡下"数据"选项组中的"选择数据"选项，如图10-11所示。

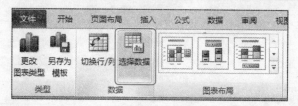

图10-11

打开"选择数据源"对话框，可以重新设置图表数据源，如图5-12所示。

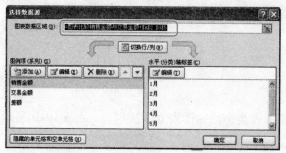

图10-12

王哥：这样就可以不用从新选择数据源来创建图表，直接可以对图表进行更改。

小强：明白了，想要选择不同工作表中的数据源进行图表创建，是不是只需要在"图例项"进行添加就可以了？

王哥：不错，看来你已经触类旁通了。

小强：那在生成图表后，怎样编辑图表呢？

王哥：这都不知道吗？刚刚还夸你呢！看来你平时很少用到图表。我这里有三种方法功能任意选择。

第一种，用鼠标单击图形中的任意地方，接着就会发现Excel的功能区多了一个"图表工具"的功能组，其中包含了"设计"、"布局"和"格式"选项卡，如图10-13所示。可以根据自己的需要来编辑图表。

图10-13

第二种，鼠标单击图形中的任意地方，即可弹出对应的格式对话框，再进行编辑，如图10-14所示。

还有一种快捷方式，按"Ctrl+1"组合键，同样可以弹出对应的格式对话框，再进行编辑。

对于后两种方式需要补充说明一点：鼠标选择的是图表的哪一元素，即弹出哪一元素的格式对话框。例如，鼠标双击横坐标轴，弹出的是"设置坐标轴格式"对话框，如图10-15所示。

图10-14

图10-15

如果要换为"设置图例格式"对话框，无需关闭此对话框，只需在工作表中再单击该图的图例，"设置坐标轴格式"对话框，就立刻换成了"设置图例格式"对话框，如图10-16所示。

这里就说这么多，要深入了解，还需要慢慢来。

图10-16

王哥接着说：默认建立的图表为原始状态，不包含标题，因此需要后期添加。

Step 02 单击"图表工具→布局"主菜单，在"图表标题"下拉列表中选择添加图表标题，即可添加的标题框，在标题框中输入图表标题，如图10-17所示。

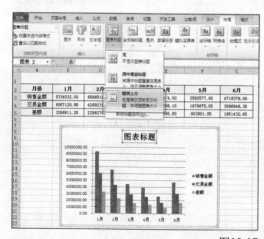

图10-17

王哥缓了缓，接着说：如果想要制作专业的图表，就是要突破 Excel 图表的默认布局。专业图表的布局至少有3个突出的特点：

➡ 完整的图表要素

图表要素丰富：主标题、副标题、图例、绘图、脚注中，除图例外，其他元素都是必不可少的。

➡ 突出的标题区

标题区非常突出，往往占到整个图表面积的1/3 甚至1/2。特别是主标题往往使用大号字体和强烈对比效果，自然让读者首先捕捉到图表要表达的信息。副标题区往往会提供较为详细的信息。

真正的图表也就是绘图区往往只占到50%左右的面积，因为这样已经足够我们看清图表的趋势和印象，硕大无比的图形反而显得很粗糙。

➡ 竖向的构图方式

向构图方式，通常整个图表外围的高宽比例在2∶1 到1∶1 之间。图例区一般放在绘图区的上部或融入绘图区里面，而不是Excel 默认地放在绘图区的右侧，空间利用更加紧凑。

竖向构图还有一个好处是阅读者目光从上至下顺序移动而不必左右跳跃，避免了视线长距离检索的问题，阅读自然而舒适。

10.3 创建好的图表该如何进行优化

王哥：默认图表虽然可以将数据完整的表达出来，但是为了使图表达到更美观的效果，还需要进行一系列的优化设置操作。

小强：那这里该怎么设置呢？

1. 设置图例

王哥：下面我们来说说图例，将图例移到图表正下方。

单击"图表工具→布局"主菜单，在"图例"下拉列表中选择图例要显示的位置，图例显示在指定的位置，如图10-18所示。

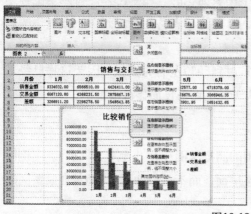 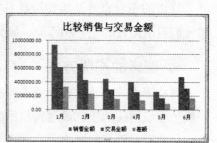

图10-18

2. 直接套用图表样式

Excel 2010中提供了众多可以直接套用的样式，从而方便快速地美化图表。

单击"图表工具→设计"主菜单，在"图表样式"工具栏中单击图表样式，单击样式方案之后，图表立即可以应用，如图10-19所示。

不过我需要补充几点：

- 在选择图表样式时，尽量选择颜色差异较大的，这样有利于读者分辨。
- 数据较多时，最好不要选择3D效果图，图表设计原则以简约为原则，太多花哨的样式反而会喧宾夺主。
- 可以选择用白色线条填充轮廓的图形样式，尤其是饼形图，可以直观地看出饼形图的分界点。

小强：王哥说的我都记住了。

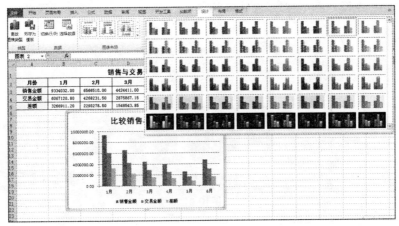

图10-19

3. 设置标题

王哥：如图10-20所示的图表，你能说说它的坐标轴有什么需要改善的地方吗？

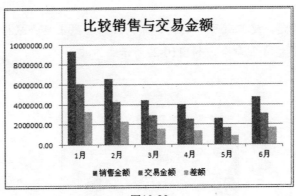

图10-20

小强挠挠头说道：我觉得已经很不错了，真看不出哪还需要改善的。

王哥：在设置图表标题时，也不要只限制在Excel固有的标题元素中，要学会创新。图表标题采用了白底黑字，可以根据需要设置标题的样式以及放置的位置，如图10-21所示。

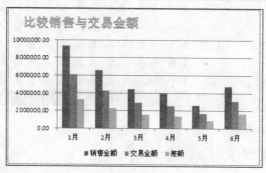

图10-21

4. 设置网格线

王哥：小强，你知道一般网格线在图表中是什么样的状态？

小强：网格线作为非数据元素，一般使用淡淡的颜色，且处在所有图表元素的最下面，或者有时候直接删除了。

王哥：嗯，这里就可以将其删除。在网络线上单击鼠标右键，选择"设置网络线格式"命令，如图10-22所示。

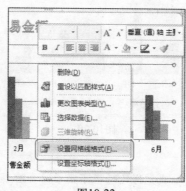

图10-22

弹出"设置绘图区格式"对话框，在左侧选择"边框颜色"标签，在右侧选中"无线条"单选项，即可将线条删除，如图10-23所示。

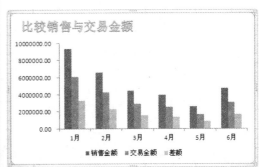

图10-23

5. 设置坐标轴

王哥：知道怎么设置垂直坐标轴和水平坐标轴的格式？

小强点点头说：这个简单，在"设置坐标轴格式"对话框中进行设置，效果如图10-24所示。

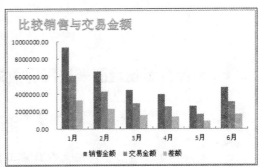

图10-24

王哥：嗯，就是这样设置的，还有一点，在图表中添加文本框，输入刻度的单位。

小强：那该怎么操作啊？

王哥：在"插入"菜单下单击"文本框→横排文本框"，绘制文本框并输入文字，如图10-25所示。

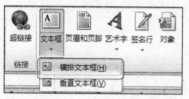

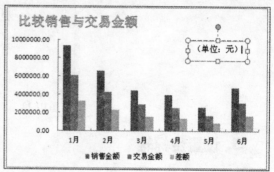

图10-25

接着绘制文本框，设置边框和字体颜色，形状轮廓、形状填充，设置完成后，图表显示效果如图10-26所示。

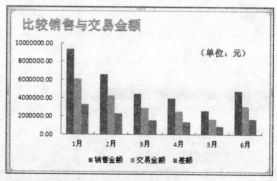

图10-26

6. 为什么要使用图表来展现数据

小强：这样看起来是否美观多了呀？

王哥：那是当然了。图表在日常工作学习的作用了很大，下面简单和你说说。

→ 表达形象化

使用图表可以化冗长为简洁，化抽象为具体，化深奥为形象，使受众更容易理解作者所要表达的主题、观点。

→ 突出重点

通过对图表中数据系列、字体等信息的特别设置，可以将问题的重点有效地表达出来，使受众更易于接受。

→ 体现专业化

恰当、得体的图表传递着作者专业、尽职、值得信赖的职业形象。专业的图表可以极大地提升个人的职场竞争力，让老板满意，为个人发展加分。

10.4 建立饼形图分析各产品销售金额占比

王哥：在比较员工销售业绩的时候，你用的是折线图吧？（如图10-27所示）

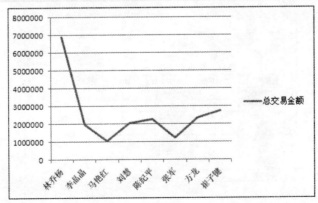

图10-27

小强：是啊，那根据你前面和我介绍的图表类型，这里应该选择饼形图了吧？那该怎么设置呢？

王哥：使用饼形图表，可以直观反应出各销售员的销售金额占总销售金额收入的百分比。如图10-28所示不是你之前提取出来的数据源嘛？

	A	B	C	D	E
1	各员工销售业绩统计				
2	销售员姓名	总销售量	总交易金额	排名	
3	林乔杨	24849	6912679.8	1	
4	李晶晶	25537	1958186.75	6	
5	马艳红	16066	1026644.45	8	
6	刘慧	23468	2039846.25	5	
7	陈纪平	8183	2258334	4	
8	张军	11368	1220131.25	7	
9	方龙	55372	2345952.7	3	
10	崔子键	201523	2744673.75	2	

图10-28

选择数据源直接创建。不过这里用来建立图表的数据源是不连续的。

Step 01 选中A2:A10单元格区域，接着按下Ctrl键不放，依次选中C2:C10单元格区域，单击"插入"主菜单下"饼图"按钮，打开下拉菜单，选择"分离型三维饼图"，如图10-29所示。

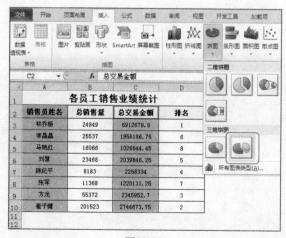

图10-29

单击图表类型，图表立即新建，如图10-30所示。

Step 02 在图表标题框中重新输入图表标题，并将图表图例删除，如图10-31所示。

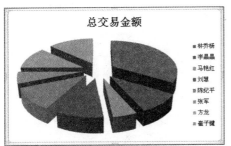

| 图10-30 | 图10-31 |

初步的图表建立完成后，接着还需要进行一系列优化设置操作。

首先，添加"类别名称，百分比"数据标签，单击"布局"主菜单，在"图表标签"下拉菜单中选择"其他数据标签选项"命令，如图10-32所示。

图10-32

接着打开"设置数据标签格式"对话框，选择"类别名称，百分比"数据标签，如图10-33所示。

设置完成后即可显示指定数据标签，效果如图10-34所示。

图10-33

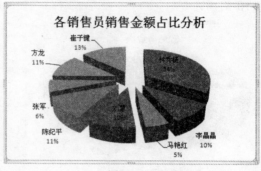

图10-34

下面分离出占百分比最大的扇面，同时设置第一扇区的起始角度（默认为0度）。为了突出显示占百分比最大的数据，可以通过设置将其分离出来。

首先选中占百分比最大的数据点，单击鼠标右键，选择"设置数据点格式"命令，如图10-35所示。

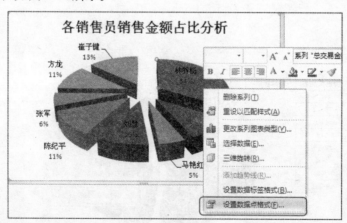

图10-35

打开"设置数据点格式"对话框，分别设置第一扇区的起始角度与分离百分比，如图10-36所示。

设置完成后，"林乔杨"数据点分离出，同时起始角度更改了，如图10-37所示。

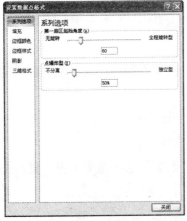

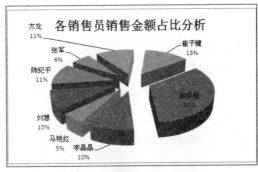

图10-36　　　　　　　　　　　　　图10-37

设置图表区边框效果与填充效果，对图表标题文字、数据标签等进行格式设置，如图10-38所示。

图10-38

10.5 更改图表类型来比较交易金额

 小强：那如果创建的饼形图不满足需要，可以更改为其他类型吗？

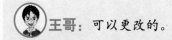

王哥：可以更改的。

可以将上面建立的图表其更改为折线图，从而直观地比较各位销售员的总交易业绩。

选中图表，执行"Ctrl+C"命令复制图表，然后执行"Ctrl+V"命令进行粘贴（执行此操作的目的是为了避免在原图表中操作）。

单击选中图表，单击"设计"标签，在"类型"选项组中单击"更改图表类型"按钮，如图10-39所示。

图10-39

打开"更改图表类型"对话框，在对话框左侧选择一种合适的图表类型，接着在右侧窗格中选择一种合适的图表样式，如图10-40所示。

图10-40

在"更改图表类型"对话框中选择了折线图，重新更改图表类型后的显示效果，如图10-41所示。

由于之前添加了"类别名称，百分比"数据标签，而在这里需要重新设置，并设置图表布局，如图10-42所示。

为了快速识别每个数据点在水平轴上的数值，可以为图表添加垂直线。单击"布局"选项卡，在"分析"选项组中选择"折线"下拉按钮，在下拉菜单中选择"垂直线"选项，即可为数据系列的各个数据段添加垂直线，如图10-43所示。

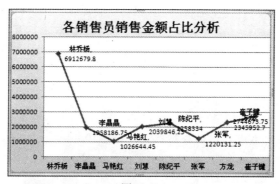

图10-41

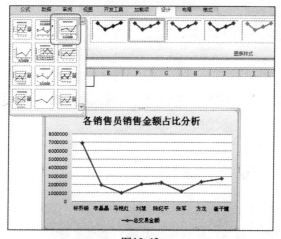

图10-42

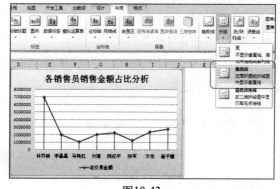

图10-43

10.6 微型图表来比较销售情况

王哥：在比较销售情况时，虽然表格中的行或列中呈现的数据很有用，但很难一眼看出数据的分布形态，如图10-44所示。

销售与交易金额						
月份	1月	2月	3月	4月	5月	6月
销售金额	9334032.00	6566510.00	4424411.00	3922474.00	2582577.00	4718379.00
交易金额	6067120.80	4268231.50	2875867.15	2549608.10	1678675.05	3066946.35
差额	3266911.20	2298278.50	1548543.85	1372865.90	903901.95	1651432.65

图10-44

其实可以使用"迷你图"在数据旁边插入迷你图，可以清晰简明地显示相邻数据的趋势，而且迷你图占用空间很少。

小强诧异地问：迷你图？

王哥：是的，迷你图是Excel 2010中的一个新功能，它是工作表单元格中的一个微型图表，可以提供数据的直观表示。

使用迷你图可以显示数值系列中的趋势，或者突出显示最大值和最小值，在数据旁放置迷你图可以达到最佳效果。

小强两眼发光：快教教我吧！

王哥笑着说：迷你图不是对象，它实际上是单元格背景中的一个微型图表。

下面我来和你说说怎么操作。

选中要制作迷你图的单元格H3，切换到"插入"选项卡，在"迷你图"选项组中单击"柱形图"，如图10-45所示。

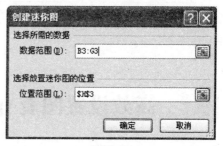

	A	B	C	D	E	F	G	H
1	销售与交易金额							
2	月份	1月	2月	3月	4月	5月	6月	
3	销售金额	9334032.00	6566510.00	4424411.00	3922474.00	2582577.00	4718379.00	
4	交易金额	6067120.80	4268231.50	2875867.15	2549608.10	1678675.05	3066946.35	
5	差额	3266911.20	2298278.50	1548543.85	1372865.90	903901.95	1651432.65	
6								

图10-45

打开"创建迷你图"对话框，选中所需制作迷你图的数据范围B3:G3，如图10-46所示。

单击"确定"按钮，即可生成柱形迷你图，如图10-47所示。

选中G3单元格，向下拖动鼠标，可以在G4:G6单元格区域内创建柱形

创建迷你图

选择所需的数据

数据范围(D): B3:G3

选择放置迷你图的位置

位置范围(L): $H$3

确定　取消

图10-46

迷你图，且数据的位置也会发生相应的改变，如图10-48所示。

	A	B	C	D	E	F	G	H
1	销售与交易金额							
2	月份	1月	2月	3月	4月	5月	6月	
3	销售金额	9334032.00	6566510.00	4424411.00	3922474.00	2582577.00	4718379.00	
4	交易金额	6067120.80	4268231.50	2875867.15	2549608.10	1678675.05	3066946.35	
5	差额	3266911.20	2298278.50	1548543.85	1372865.90	903901.95	1651432.65	
6								

图10-47

	A	B	C	D	E	F	G	H	I
1	销售与交易金额								
2	月份	1月	2月	3月	4月	5月	6月		
3	销售金额	9334032.00	6566510.00	4424411.00	3922474.00	2582577.00	4718379.00		
4	交易金额	6067120.80	4268231.50	2875867.15	2549608.10	1678675.05	3066946.35		
5	差额	3266911.20	2298278.50	1548543.85	1372865.90	903901.95	1651432.65		
6									
7									

图10-48

提示　迷你图有柱形图、折线图和盈亏图三种，在"迷你图"选项组选中不同类型的迷你图可以创建不同的迷你图。

创建好迷你图后，可以在"设计"选项卡中更改迷你图样式和标记迷你图的颜色，如图10-49所示。

图10-49

10.7 高效设置图表有妙招

王哥：学会制作和设置图表后，你觉得在绘制图表时要注意哪些呢？

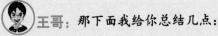小强摇摇头：这个我可还没想过呢。

王哥：那下面我给你总结几点：

➜ 避免生出无意义的图表

如果表格比图表能更有效地传递信息，这时候就可以省略绘制图表。图表贵精不贵多，决定做不做图表的唯一标准是：能否帮助你有效地传达信息。

→ 不要把图表撑破

不要在一张图表里塞太多的信息，这是很多新手会犯的错误。就像我们前面说的图表不是设计得越满越好。一张图表只反映一个观点，这样子才能突出重点，让读者迅速捕获你的核心思想。

→ 只选对的，不选复制的

有些人沉迷于设计各种各样花哨的"高级图表"，认为复杂的才能显示其水平。但是这违背了我们的专业精神的基本原则——简约。要记住，简单的才是美的。

→ 一句话标题

标题我们前面也提到了，拒绝千篇一律的标题，尽量使用一句话标题，让读者通过标题就大致能猜到图表要表述的内容。

小强：那王哥，现在我还有个问题，如果有自己比较满意的图表，可以直接拿过来用吗？

王哥：当然可以呀！想要节省时间绘制出自己满意的图表，可以将制作的自我感觉良好的图表保存为模板，直接使用模板绘制图表。

小强：那该怎么操作呢？

王哥：选中图表，在"图表工具"下的"设计"选项卡的"类型"选项组单击"另存为模板"选项，如图10-50所示。

下次需要绘制图表时，可以在"图表"选项组单击 按钮，在打开的"更改图表类型"对话框中单击"模板"，如图10-51所示，找到自己所要的模板即可。

小强：那在绘制图表后，如果觉得某个图表的设置适合自己所绘制的图表，可以直接将图表格式复制到自己绘制的图表上吗？

王哥看着小强的问题都问到点子上去了，满意地说道：当然可以呀！

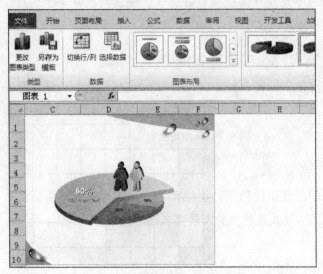

图10-50

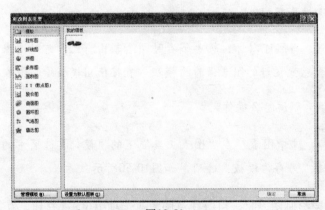

图10-51

　　选择要图表，在右键菜单中选择"复制"命令。

　　接着选中要应用格式的图表，在"开始"选项卡的"剪贴板"选项单击"粘贴"下拉按钮，在其下拉列表中选择"选择性粘贴"选项，如图10-52所示。

图10-52

在打开的"选择性粘贴"对话框里选中"格式"单选项即可，如图10-53所示。

图10-53

王哥接着说：这些都是图表设置中最简单的方法，没事的时候还可以学习色彩的配色，向专业化迈进。

小强：王哥，我知道了，现在有很多书上都涉及到了颜色的配色，回去我好好学习去。

读书笔记

第11章
打印出专业数据报表

在王哥的指导下，小强凭着一颗积极进取的心，掌握了数据报表设计各个环节的知识以及技巧。小强心里甭提有多高兴。小强终于将一份完美的报表交给Boss了，而Boss对小强设计的报表也很满意。

Boss：小强啊，报表制做得还不错，比我想象中的效果要好得多嘛！

小强乐呵呵地说：多亏王哥的指教。

Boss：他在这方面可是高手，公司很多员工有什么不解的地方都会请教他。对了，顺便去把这份报表给我多打印几份吧！我有用。记得专业点啊，有什么不懂的地方记得去问老王。

小强：好的。

于是小强又来到王哥的办公室，高兴地跟王哥打招呼：王哥，我又来了。

王哥：报表交上去了吧，Boss应该还很满意吧？

小强：是呀，Boss挺满意的，接下来让我把报表打印出来。

11.1 如何将报表中较少数据居中打印

王哥笑着说：打印报表对于你来应该没什么难度。

小强：觉得没有什么问题，会使用Excel的应该都会吧。只是Boss说了，要专业。

王哥看出小强有点不自信：那还不是根据工作表的打印效果与一些相关设置有关，只要对页面和打印机设置好了，要专业是没有什么问题的。

小强急切地问道：真的？那王哥快点指导我一下。

王哥：不要着急啊，首先就是要美观。

你看，在打印"产品列表"时，数据不是很多，可以直接打印，但是在打印预览中，可以看到这些内容会集中在顶端，看起来很不美观，如图11-1所示。

序号	产品	规格	单位	单价
	销售产品列表			
1	宝来扶手箱	宝来	个	110
2	宝来挡泥板	宝来	件	56
3	宝来亚麻脚垫	宝来	套	31
4	宝来嘉丽布座套	宝来	套	550
5	捷达地板	捷达	卷	55
6	捷达扶手箱	捷达	个	45
7	捷达挡泥板	捷达	套	15
8	捷达亚麻脚垫	捷达	套	31
9	兰宝6寸套装喇叭	兰宝	对	485
10	索尼喇叭6937	索尼	对	480
11	索尼喇叭S-60	索尼	对	380
12	索尼400内置VCD	索尼	台	1210
13	索尼2500MP3	索尼	台	650
14	阿尔派758内置VCD	阿尔派	套	2340
15	阿尔派6900MP4	阿尔派	台	1280
16	灿晶800伸缩彩显	灿晶	台	930
17	灿晶870伸缩彩显	灿晶	台	930
18	灿晶遮阳板显示屏	灿晶	台	700

图11-1

在默认情况下，打印的方式为顶端左对齐。此时，我们可以通过设置，使报表中的数据居中打印。

打开要打印的工作表，单击"页面布局"选项卡，在"页面设置"选项组中单击右下角的 ▣ 按钮，如图11-2所示。

图11-2

打开"页面设置"对话框，选择"页边距"选项卡，在其中选中"居中

199

方式"选项区域中的"水平"和
"垂直"复选框,如图11-3所示。

单击"确定"按钮,再执行打
印操作时,即可将工作表中的数据
居中显示,如图11-4所示。

图11-3

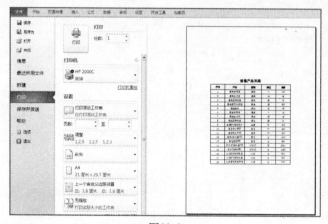

图11-4

小强:这样打印出来是比之前好看多了。

11.2　巧妙打印工作表背景

王哥:你不感觉打印出来的报表太单调了吗?

小强连忙说：您的意思是不是通过添加图片、设置背景来使报表更加美观。

王哥笑了笑：现在脑子转得越来越快了。

在打印工作表时，按照常规方法为工作表设置的背景是无法打印出来的。这里可以通过相关设置，将工作表的背景也打印出来。

打开工作表，单击"插入"选项卡下"文本"组中的"页眉和页脚"按钮，如图11-5所示。

图11-5

在工作表的顶部插入页眉。单击最左侧的页眉编辑框，进入页眉编辑状态，单击"设计"选项卡下"页眉和页脚元素"组中的"图片"按钮，插入一张可以作为工作表的背景的图片，如图11-6所示。

图11-6

单击"页眉和页脚元素"组中的"设置图片格式"按钮，如图11-7所示。

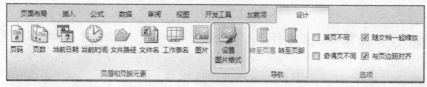

图11-7

即可打开"设置图片格式"对话框。选择"图片"选项卡，在"颜色"
下拉列表中选择"冲蚀"选项，单击"确定"按钮返回到工作表中，退出页
眉页脚编辑状态，如图11-8所示。

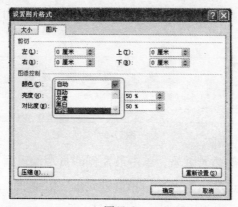

图11-8

单击"文件"选项卡的"打印"按钮，在右侧打印预览区域中可以看到
显示的背景图片，如图11-9所示。

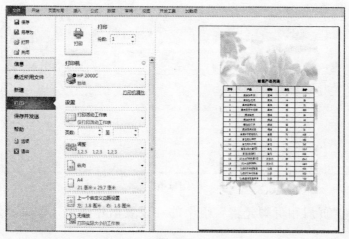

图11-9

11.3 在销售统计表每一页都显示标题

小强：王哥，在默认情况下，表格的标题信息只在第一页中出现。

王哥看出小强的意思，笑着说：是不是想实现每一页上都打印出标题信息？

小强表示很惊讶：王哥，你怎么知道呀？我就是这个意思，要打印的销售统计表包含很多页，在第一页中显示标题信息，但在其他页却不能显示标题信息，如图11-10所示。

如果在每一页上都打印出标题，这样就能方便查看了。

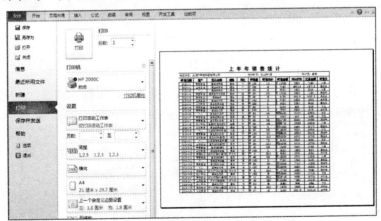

图11-10

王哥：是啊！其实操作方法也很简单！

打开要打印的工作表，单击"页面布局"选项卡，在"页面设置"选项组中单击右下角的 按钮，如图11-11所示。

图11-11

打开"页面设置"对话框，选择"工作表"选项卡，在其中单击"打印标题"选项区域中的"顶端标题行"文本框右侧的折叠按钮，在工作表中选择标题信息所在的单元格或单元格区域，单击"确定"按钮，如图11-12所示。

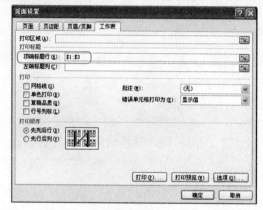

图11-12

再次执行打印操作时，即可自动为每一页加上标题行，如图11-13所示。

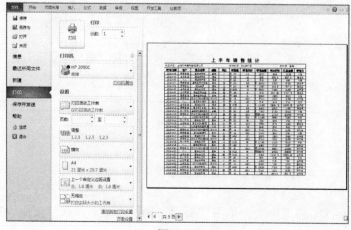

图11-13

提示 如果"左端标题栏"后面的文本框中输入列标题区域，就可以为每一页添加上列标题。

11.4 只打印销售与交易金额工作表中的图表

小强：王哥，在销售金额与交易金额数据表中，如图11-14所示，可以只打印图表吗？

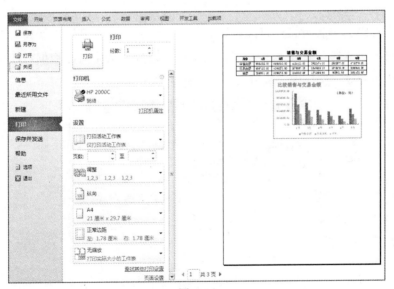

图11-14

王哥：当然可以呀，通过简单的设置就可以了。

打开要打印的工作表，单击"文件"选项卡，在下拉菜单中选择"打印"选项卡。在右侧"设置"选项区域的下拉列表中选择"仅打印所选图表"选项，如图11-15所示。

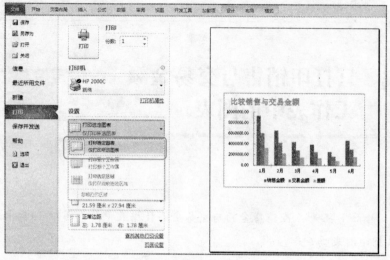

图11-15

在打印工作表时，还可以设置图表的打印质量，打开"页面设置"对话框，选择"图表"选项卡。在"打印质量"选项区域中可以根据打印图表的不同使用要求，选择图表的打印质量，如图11-16所示。

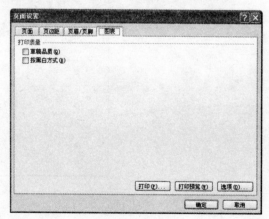

图11-16

小强：嗯，明白了。

11.5　一次打印多张工作表

小强：报表中有多张工作表需要打印，如果一张张地去打印太麻烦了，可以同时打印吗？

王哥：可以的。在按住<Shift>、<Ctrl>键的同时，单击需要打印的工作表的名称（产品列表、销售统计表……），选中多个连续（或不连续）的工作表，如图11-17所示。

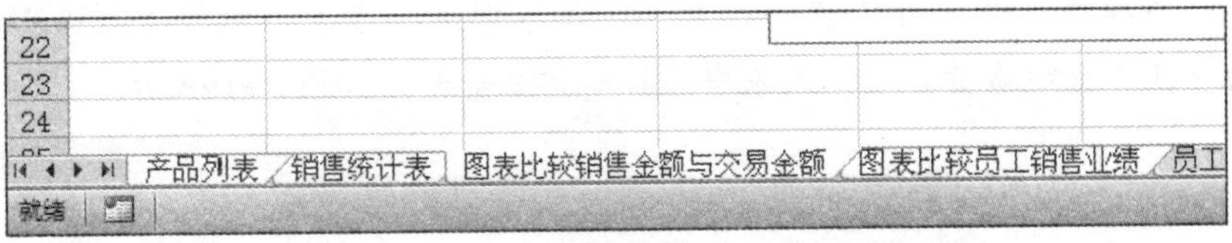

22				
23				
24				

|◄ ◄ ► ►|　产品列表　/　销售统计表　/　图表比较销售金额与交易金额　/　图表比较员工销售业绩　/　员工

就绪

图11-17

单击"文件"选项卡下的"打印"按钮，在右侧选项区域中单击"打印"按钮，即可将选中的工作表一次打印出来。

当然，在打印之前，可以在右侧的打印预览区域中查看预览效果。

小强：其实只要会使用<Shift>、<Ctrl>键选取就简单了。

王哥：在默认情况下，在打印文档时，Excel 2010只打印一份文档，一次性打印多份文档会设置吗？

小强：单击"文件"选项卡，在下拉菜单中选择"打印"选项卡。在右侧列表中单击"打印"按钮，在右侧"副本"（份数）文本框中输入要打印的份数，如图11-18所示。

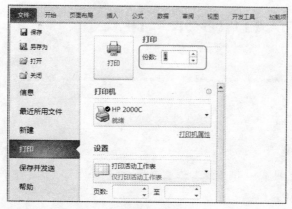

图11-18

哈哈……这是Excel初学者才需要学的，我现在可不是菜鸟了哦！

王哥笑着说：这样说我就放心了，在打印工作表时，若要调整打印机的分辨率，可以在"页面设置"对话框中进行设置。选择"页面"选项，在"打印质量"下拉列表中选择一种分辨率，如图11-19所示。

图11-19

小强：原来打印一份完美的报表也不简单嘛！看来还需要多多学习啊！